Sumanta Das
Malini Roy Choudhury

Estratégia de desenvolvimento de favelas e favelas na Índia (de acordo com as diretrizes da RAY)

Sumanta Das
Malini Roy Choudhury

Estratégia de desenvolvimento de favelas e favelas na Índia (de acordo com as diretrizes da RAY)

ScienciaScripts

Imprint
Any brand names and product names mentioned in this book are subject to trademark, brand or patent protection and are trademarks or registered trademarks of their respective holders. The use of brand names, product names, common names, trade names, product descriptions etc. even without a particular marking in this work is in no way to be construed to mean that such names may be regarded as unrestricted in respect of trademark and brand protection legislation and could thus be used by anyone.

Cover image: www.ingimage.com

This book is a translation from the original published under ISBN 978-3-659-85254-1.

Publisher:
Sciencia Scripts
is a trademark of
Dodo Books Indian Ocean Ltd. and OmniScriptum S.R.L publishing group

120 High Road, East Finchley, London, N2 9ED, United Kingdom
Str. Armeneasca 28/1, office 1, Chisinau MD-2012, Republic of Moldova, Europe
Printed at: see last page
ISBN: 978-620-8-36586-8

LISTA DE CONTEÚDOS

Dedicado a

Os meus pais, irmão (Sudipto)

e

Mulher bonita (Malini)

---- Sumanta Das

AGRADECIMENTOS

Os autores gostariam de expressar a sua gratidão ao Comissário da Corporação Municipal de Rajkot e a toda a equipa pelo seu apoio e ajuda sem fim. Estamos também igualmente gratos ao Diretor, Dr. Ami H Shah, e a toda a equipa do Departamento de Engenharia Civil, Smt. S.R. Patel Engineering College, Gujarat, por nos fornecerem instalações laboratoriais e outras informações auxiliares.

Por último, estamos muito gratos às nossas famílias pelo seu apoio e encorajamento sem fim.

Prof. Sumanta Das

Prof. Malini Roy Choudhury

RESUMO

Atualmente, a população indiana nos bairros de lata está a aumentar rapidamente. Por isso, o governo indiano iniciou algumas estratégias para melhorar os bairros de lata e proporcionar uma boa qualidade de habitação e um bom ambiente aos habitantes dos bairros de lata. O presente documento centra-se na aplicação de técnicas geo-espaciais e de um sistema de tomada de decisões multi-critério para a reabilitação e o planeamento dos bairros degradados da cidade de Rajkot, Gujarat, Índia. Esta abordagem é inteiramente nova e depende da recolha de grandes conjuntos de dados, além de reduzir a mão de obra e o tempo. A investigação seguiu as diretrizes adoptadas pelo Governo da Índia para a melhoria dos bairros degradados e o desenvolvimento sustentável, conhecido como "RAJIV AWAS YOJNA (RAY)". Os dados socioeconómicos, como os dados sobre a família, a condição económica, as comodidades básicas, a situação do emprego, as possibilidades de educação, etc., são recolhidos em cada bairro degradado e inseridos no software ArcGIS 10 para a criação de bases de dados, a análise e a elaboração de mapas temáticos. Estas camadas temáticas fornecem informações pormenorizadas sobre a área total do bairro de lata, a área de implantação dos edifícios, a reserva, o inventário dos terrenos, as unidades de habitação, a densidade populacional, o estado das estradas, o número de parcelas privadas, o número de parcelas do Estado, a oferta de espaços de subsistência, a área bruta do bairro de lata, o preço dos terrenos do bairro de lata, a propriedade e a reserva dos terrenos, a qualidade das habitações, o número de agregados familiares, a situação profissional, o perfil do bairro de lata, a localização do bairro de lata, outros parâmetros físicos, etc. A avaliação final das observações e análises indica que a área viável do bairro degradado pode ser desenvolvida in-situ ou que existe uma provisão para migração na zona que é mantida para a SEWS.

Palavras-chave: RAY, estrutura de uso do solo, GIS, qualidade da habitação, melhoria de bairros degradados, desenvolvimento sustentável

CAPÍTULO 1.1 INTRODUÇÃO

1.1 INTRODUÇÃO

Um bairro de lata é um aglomerado urbano informal densamente povoado, caracterizado por habitações precárias e miséria (Francis I Ibitoye, 2013). Embora os bairros de lata difiram em dimensão e outras caraterísticas de país para país, a maioria carece de serviços de saneamento fiáveis, abastecimento de água potável, eletricidade fiável, aplicação atempada da lei e outros serviços básicos. As residências dos bairros de lata variam entre barracas e habitações construídas profissionalmente que, devido à má qualidade da conceção ou da construção, se deterioraram e se transformaram em bairros de lata (Agarwal, P., Garg, S., Singh, M., 2007)

Os bairros de lata eram comuns no século XIX e no início do século XX nos Estados Unidos e na Europa (Lawrence Vale, 2007; J. R. Ashton, 2006). Mais recentemente, os bairros de lata têm sido predominantemente encontrados em regiões urbanas de zonas em desenvolvimento e subdesenvolvidas do mundo, mas também se encontram em economias desenvolvidas (UN-HABITAT, 2008; UN-HABITAT, 2003).

De acordo com a UN-Habitat, cerca de 33% da população urbana do mundo em desenvolvimento em 2012, ou cerca de 863 milhões de pessoas, viviam em bairros de lata (UNHABITAT, 2013). A proporção da população urbana que vivia em bairros de lata era mais elevada na África Subsariana (61,7%), seguida do Sul da Ásia (35%), Sudeste Asiático (31%), Ásia Oriental (28,2%), Ásia Ocidental (24,6%), Oceânia (24,1%), América Latina e Caraíbas (23,5%) e Norte de África (13,3%). Entre os países individuais, a proporção de residentes urbanos que viviam em bairros de lata em 2009 era mais elevada na República Centro-Africana (95,9%). Entre 1990 e 2010, a percentagem de pessoas que vivem em bairros de lata diminuiu, mesmo quando a população urbana total aumentou (UN-HABITAT, 2013). O maior bairro de lata do mundo situa-se na Cidade do México (Daniel Tovrov, 2011; Craig Glenday, 2012)

Os bairros de lata formam-se e crescem em muitas partes do mundo por muitas razões diferentes. Algumas causas incluem a rápida migração rural-urbana, a estagnação económica e a depressão, o desemprego elevado, a pobreza, a economia informal, o planeamento deficiente, a política, as catástrofes naturais e os conflitos sociais (Patton, C.,1988As estratégias tentadas para reduzir e transformar os bairros de lata em diferentes países, com diferentes graus de sucesso, incluem uma combinação de remoção de bairros de lata, relocalização de bairros de lata, requalificação de bairros de lata, planeamento urbano com desenvolvimento de infra-estruturas em toda a cidade e projectos de habitação pública (Martino Pesaresi et.al, 2013; Mona Serageldin, Elda Solloso e

Luis Valenzuela, 2006).

Os bairros de lata surgem e continuam a existir devido a uma combinação de razões demográficas, sociais, económicas e políticas. As causas mais comuns incluem a rápida migração rural-urbana, um planeamento deficiente, a estagnação e depressão económicas, a pobreza, o elevado desemprego, a economia informal, o colonialismo e a segregação, a política, as catástrofes naturais e os conflitos sociais.

Nos últimos anos, tem-se assistido a um crescimento dramático do número de bairros de lata, à medida que as populações urbanas aumentam nos países em desenvolvimento (Adam Parsons, 2010). Cerca de mil milhões de pessoas em todo o mundo vivem em bairros de lata e há quem preveja que este número possa aumentar para 2 mil milhões até 2030, se os governos e a comunidade mundial ignorarem os bairros de lata e mantiverem as actuais políticas urbanas. O grupo Habitat das Nações Unidas acredita que a mudança é possível. Para atingir o objetivo de "cidades sem bairros degradados", afirma a ONU, os governos têm de levar a cabo um planeamento urbano vigoroso, a gestão das cidades, o desenvolvimento de infra-estruturas, a melhoria dos bairros degradados e a redução da pobreza (UN-HABITAT, 2007). Alguns governos municipais e funcionários do Estado têm procurado simplesmente remover os bairros degradados (The Dawn, Rawalpindi, Paquistão, 24 de agosto de 2013; The Hindustan Times, Gurgaon, Índia, 21 de abril de 2013). Esta estratégia para lidar com os bairros de lata radica no facto de os bairros de lata começarem, normalmente, de forma ilegal na propriedade fundiária de outrem e não serem reconhecidos pelo Estado. Como o bairro de lata começou por violar os direitos de propriedade de outrem, os residentes não têm qualquer direito legal sobre a terra. (Gardiner, B., 1997; Kross, E., 1992) Os críticos argumentam que a remoção dos bairros degradados pela força tende a ignorar os problemas sociais que estão na origem dos bairros degradados. As crianças pobres, bem como os adultos trabalhadores da economia informal de uma cidade, precisam de um lugar para viver. A remoção do bairro degradado elimina o bairro degradado, mas não elimina as causas que o criam e mantêm (Stephen K. Mayo, Stephen Malpezzi e David J. Gross, 1986; William Mangin, 1967).

As estratégias de relocalização dos bairros de lata assentam na remoção dos bairros de lata e na relocalização dos pobres dos bairros de lata para as periferias semi-rurais livres das cidades, por vezes em habitações gratuitas. Esta estratégia ignora várias dimensões da vida nos bairros de lata. A estratégia vê o bairro de lata como um mero local onde vivem os pobres. Na realidade, os bairros de lata estão muitas vezes integrados em todos os aspectos da vida de um residente de um bairro de lata, incluindo as fontes de emprego, a distância do trabalho e a vida social (Nyametso,

J. K., 2012). A deslocalização de bairros degradados, que desloca os pobres das oportunidades de ganhar a vida, gera insegurança económica nos pobres (Banco Mundial, MIT, 2009). Em alguns casos, os residentes dos bairros degradados opõem-se à relocalização, mesmo que a terra e a habitação de substituição na periferia das cidades sejam gratuitas e de melhor qualidade do que a sua casa atual. Os exemplos incluem a Zone One Tondo Organization de Manila, nas Filipinas, e a Abahlali base Mjondolo de Durban, na África do Sul (Ton Van Naerssen, 1993). Noutros casos, como o projeto de realojamento do bairro de lata de Ennakhil, em Marrocos, a mediação social sistemática funcionou. Os residentes do bairro de lata foram convencidos de que a sua localização atual constitui um perigo para a saúde, propensa a catástrofes naturais, ou que a localização alternativa está bem ligada a oportunidades de emprego (Arandel, C. e Wetterberg, A., 2013).

Alguns governos começaram a abordar os bairros degradados como uma possível oportunidade para o desenvolvimento urbano através da sua requalificação. Esta abordagem foi inspirada em parte pelos escritos teóricos de John Turner em 1972 (Turner, J. F. C. e Fichter, R., 1972; Turner, J. F. C., 1996). A abordagem procura melhorar o bairro de lata com infra-estruturas básicas como saneamento, água potável, distribuição segura de eletricidade, estradas pavimentadas, sistema de drenagem de águas pluviais e paragens de autocarro/metro (The World Bank Group, MIT, 2009). O pressuposto subjacente a esta abordagem é que, se os bairros de lata receberem serviços básicos e segurança de posse - ou seja, se o bairro de lata não for destruído e os seus residentes não forem despejados -, os residentes reconstruirão as suas próprias habitações, empenhar-se-ão na comunidade do bairro de lata para viverem melhor e, com o tempo, atrairão investimentos de organizações governamentais e empresas. Turner defendeu a demolição das habitações, mas sim a melhoria do ambiente: se os governos conseguirem limpar os bairros de lata existentes de dejectos humanos insalubres, água poluída e lixo, e de ruas lamacentas e sem iluminação, não têm de se preocupar com os bairros de lata (Werlin Herbert, 1999). Os ocupantes têm demonstrado grande capacidade de organização em termos de gestão da terra e manterão as infra-estruturas que lhes forem fornecidas (Werlin Herbert, 1999).

No entanto, a maior parte dos projectos de melhoria dos bairros degradados produziu resultados mistos. Embora as avaliações iniciais fossem promissoras e as histórias de sucesso amplamente divulgadas pelos meios de comunicação social, as avaliações efectuadas 5 a 10 anos após a conclusão de um projeto têm sido decepcionantes. Herbert Werlin (Werlin Herbert, 1999) observa que os benefícios iniciais dos esforços de melhoria dos bairros degradados foram efémeros. Os projectos de beneficiação de bairros degradados em *kampungs* de Jacarta, na Indonésia, por exemplo, pareciam promissores nos primeiros anos após a beneficiação, mas depois voltaram a uma situação pior do que antes, especialmente em termos de saneamento, problemas ambientais e segurança da água potável. As casas de banho comunitárias fornecidas no âmbito dos esforços de melhoria dos bairros degradados foram mal mantidas e abandonadas pelos habitantes dos bairros degradados de Jacarta (Christine Kessides, 1997). Do mesmo modo, os esforços de melhoria dos bairros degradados nas Filipinas (Luna, E. M., Ferrer, O. P. e Ignacio, JR., U. , 1994; Bartone, C., Bernstein, J., Leitmann, J. e Eigen, J., 1994), na Índia (Bannerjee, T. e Chakrovorty, S., 1994) e no Brasil (Martijn Koster, & Monique Nuijten, 2012; Smolka, M, 2003) revelaram-se excessivamente dispendiosos do que o inicialmente previsto, e o estado dos bairros degradados 10 anos após a conclusão da beneficiação dos bairros degradados é semelhante ao dos bairros degradados. Os benefícios previstos da beneficiação dos bairros degradados, afirma Werlin, revelaram-se um mito (Werlin Herbert, 1999).

A melhoria dos bairros degradados é, em grande medida, um processo controlado, financiado e gerido pelo governo, e não um processo competitivo orientado para o mercado. Krueckeberg e Paulsen observam (Donald A. Krueckeberg e Kurt G. Paulsen, 2000) que os conflitos políticos, a corrupção governamental e a violência de rua no processo de regularização dos bairros degradados fazem parte da realidade. A urbanização de bairros degradados e a regularização da posse também melhoram e regularizam os patrões dos bairros degradados e as agendas políticas, ao mesmo tempo que ameaçam a influência e o poder dos funcionários municipais e dos ministérios. A urbanização dos bairros degradados não resolve o problema da pobreza, dos empregos mal pagos da economia informal e de outras caraterísticas dos bairros degradados. Não é claro se a requalificação dos bairros degradados pode conduzir a melhorias sustentáveis a longo prazo (Marie Huchzermeyer e Aly Karam, 2006).

A limpeza dos bairros degradados tornou-se uma política prioritária na Europa entre 195 e 1970, e um dos maiores programas estatais. No Reino Unido, o esforço de limpeza dos bairros degradados foi maior do que a criação dos Caminhos-de-Ferro britânicos, do Serviço Nacional de Saúde e de outros programas estatais. Os dados do Governo britânico sugerem que as limpezas efectuadas depois de 1955 demoliram cerca de 1,5 milhões de propriedades em bairros degradados, realojando cerca de 15% da população do Reino Unido nessas propriedades (Becky Tunstall e Stuart Lowe, 2012). Do mesmo modo, depois de 1950, a Dinamarca e outros países prosseguiram iniciativas paralelas para limpar os bairros degradados e realojar os seus residentes (Kristian Buhl Thomsen, 2012).

Os bairros de lata existem em muitos países e tornaram-se um fenómeno global (Arimah, Ben C.,

2010). Um relatório da UN-Habitat afirma que, em 2006, havia quase mil milhões de pessoas a viver em bairros de lata na maioria das cidades da América Latina, Ásia e África, e um número menor nas cidades da Europa e da América do Norte (UN-HABITAT, 2006(b)), em 2012, segundo a UNHabitat, cerca de 863 milhões de pessoas no mundo em desenvolvimento viviam em bairros de lata. Destes, a população urbana dos bairros de lata em meados do ano era de cerca de 213 milhões na África Subsariana, 207 milhões na Ásia Oriental, 201 milhões no Sul da Ásia, 113 milhões na América Latina e Caraíbas, 80 milhões no Sudeste Asiático, 36 milhões na Ásia Ocidental e 13 milhões no Norte de África. Entre os países, a proporção de residentes urbanos que viviam em bairros de lata em 2009 era mais elevada na República Centro-Africana (95,9%), no Chade (89,3%), no Níger (81,7%) e em Moçambique (80,5%) (UN-HABITAT, 2013).

A distribuição dos bairros degradados numa cidade varia em todo o mundo. Na maioria dos países desenvolvidos, é mais fácil distinguir as zonas de bairros degradados das zonas não degradadas. Nos Estados Unidos, os bairros degradados encontram-se normalmente nos bairros da cidade e nos subúrbios, enquanto na Europa são mais comuns em habitações de grande altura na periferia urbana. Em muitos países em desenvolvimento, os bairros de lata prevalecem como bolsas distribuídas ou como órbitas urbanas de aglomerados informais densamente construídos (Arimah, Ben C., 2010). Nalgumas cidades, especialmente em países do Sul da Ásia e da África Subsariana, os bairros de lata não são apenas bairros marginalizados com uma pequena população; os bairros de lata estão disseminados e albergam uma grande parte da população urbana. Estes são por vezes designados *por cidades de bairros de lata* (UN-HABITAT, 2008).

A percentagem da população urbana do mundo em desenvolvimento que vive em bairros de lata tem vindo a diminuir com o desenvolvimento económico, mesmo quando a população urbana total tem vindo a aumentar. Em 1990, 46% da população urbana vivia em bairros de lata; em 2000, a percentagem tinha caído para 39%; que ainda caiu para 32% em 2010 (UN-HABITAT, 2013).

A urbanização na Índia começou a acelerar após a independência, devido à adoção pelo país de uma economia mista, que deu origem ao desenvolvimento do sector privado. A urbanização está a ocorrer a um ritmo mais rápido na Índia. Segundo o recenseamento de 1901, a população residente nas zonas urbanas da Índia era de 11,4% (Kamaldeo Narain Singh, 1978). De acordo com o recenseamento de 2001, esta percentagem aumentou para 28,53% e, de acordo com o recenseamento de 2011, ultrapassou os 30%, situando-se em 31,16% (Business Standard, 2012; Datta Pranati, 2006).

De acordo com um inquérito realizado em 2007 pelo relatório das Nações Unidas sobre o estado da população mundial, prevê-se que, até 2030, 40,76% da população do país resida em zonas urbanas (Hindustan Times, 27 de junho de 2007). Segundo o Banco Mundial, a Índia, juntamente com a China, a Indonésia, a Nigéria e os Estados Unidos, liderará o aumento da população urbana mundial até 2050 (Business Standard, 2012).

Mumbai registou uma migração rural-urbana em grande escala no século XXI. Mumbai tem 12,5 milhões de habitantes e é a maior metrópole da Índia em termos de população, seguida de Deli, com 11 milhões de habitantes. Com a taxa de urbanização mais rápida do mundo, de acordo com o recenseamento de 2011, a população de Deli aumentou 4,1%, a de Bombaim 3,1% e a de Calcutá 2%, de acordo com o recenseamento de 2011, em comparação com o recenseamento de 2001. A população estimada, ao ritmo atual de crescimento, para o ano de 2015, é de 26 milhões em Deli, 24 milhões em Bombaim, 16 milhões em Calcutá, 11 milhões em Bangalore, 10 milhões em Chennai e 10 milhões em Hyderabad. O rápido aumento da população urbana na Índia está a causar muitos problemas, como o aumento dos bairros de lata, a diminuição do nível de vida nas zonas urbanas e também danos ambientais.

Em 2009, a Presidente Pratibha Patil da Índia anunciou que o seu governo tinha como objetivo criar uma Índia sem bairros de lata no prazo de cinco anos. Para isso, o governo planeava investir grandes quantias de dinheiro na construção de habitações a preços acessíveis. Assim, em vez de melhorar a área, o governo pretendia criar casas inteiramente novas para os pobres urbanos. Esta ideia de construir novas casas para os pobres é uma das principais ideias que se opõe à ideia de urbanização de bairros degradados. A requalificação dos bairros degradados consiste em melhorias físicas, sociais, económicas, organizacionais e ambientais dos bairros degradados, realizadas de forma cooperativa e local entre cidadãos, grupos comunitários, empresas e autoridades locais. O principal objetivo da melhoria dos bairros degradados é atenuar as más condições de vida dos habitantes desses bairros. Muitos bairros degradados carecem de serviços básicos das autoridades locais, como o abastecimento de água potável, o saneamento, as águas residuais e a gestão de resíduos sólidos. A melhoria dos bairros degradados é utilizada principalmente para projectos inspirados ou contratados pelo Banco Mundial e agências semelhantes. É considerada pelos proponentes como uma componente necessária e importante do desenvolvimento urbano nos países em desenvolvimento. No entanto, muitas pessoas não acreditam que a melhoria dos bairros degradados seja bem sucedida. Apontam para as dificuldades em fornecer os recursos necessários de uma forma que seja benéfica para os habitantes dos bairros degradados ou que tenha eficácia a longo prazo. As alternativas à urbanização dos bairros de lata incluem a construção de habitações alternativas para as pessoas que vivem nos bairros de lata (em vez de reparar as infra-estruturas propriamente ditas) ou a remoção forçada dos habitantes dos bairros de lata.

Um agregado familiar é declarado como bairro degradado se lhe faltar uma ou mais das seguintes caraterísticas: qualidade estrutural e durabilidade das habitações, acesso a água potável, área de habitação suficiente, acesso a instalações sanitárias e segurança da posse (Será que as pessoas mais vulneráveis vivem nos piores bairros degradados? A Spatial Analysis of Accra, Ghana, 2011, Marta M. Jankowska at.al; 2011) Esta definição de bairro de lata fornece um ponto de partida para a identificação de bairros de lata, e o enfoque nas caraterísticas físicas dos bairros de lata, nomeadamente habitação precária e infra-estruturas inadequadas ("habitação insegura", como lhe chama a UN-Habitat), tem sido enfatizado na literatura recente sobre bairros de lata (Neekhra 2008, Beall e Fox 2009, Gulyani e Bassett 2010, Arimah 2011). Assim, os SIG desempenham um papel vital nos vastos projectos actuais. Como em Rajkot existem mais de milhões de formulários de inquérito, é essencial analisá-los com técnicas informáticas para obter precisão e rapidez. Muitos bairros de lata existem em locais perigosos e muitos outros estão situados em zonas prejudiciais para a saúde. Além disso, certos locais têm de ser desocupados para a realização de importantes obras de infra-estruturas. Os bairros de lata situados nesses locais e sítios têm, portanto, de ser relocalizados. Para o efeito, é necessário formular uma política global de reabilitação (Slums Improvement and Development Schemes & Policies, outubro de 2005, P K Das). Os bairros de lata abrigam quase um terço da população urbana mundial, a maior parte da qual se encontra nos países em desenvolvimento. Apesar de várias acções políticas no passado, as cidades sem bairros degradados continuam a ser um objetivo distante no mundo em desenvolvimento. Parte deste problema deve-se à falta de ferramentas analíticas disponíveis para efetuar investigação sobre os bairros degradados e avaliar ideias políticas no contexto dos países em desenvolvimento. Por conseguinte, é vital melhorar os nossos conhecimentos e gerar uma compreensão holística do processo de formação de bairros degradados, a fim de desenvolver políticas úteis e eficazes neste domínio. Este documento apresenta um quadro integrado, capaz de simular a dinâmica espácio-temporal da formação de bairros degradados nas cidades (Simulating SpatioTemporal Dynamics of Slum Formation in Ahmedabad, India, 2012, Amit Patel at.al, 2012). Na Índia, os bairros de lata dividem-se em dois tipos: bairros de lata notificados e bairros de lata não notificados. Os bairros de lata notificados são aqueles em que todas as zonas específicas de uma cidade são notificadas como "bairro de lata" pelo governo estatal/local e pela administração da UT ao abrigo de qualquer lei, incluindo a "lei dos bairros de lata". Os bairros de lata não notificados são todas as áreas reconhecidas como "bairro de lata" pelo governo estatal/local e pela administração da UT, pelos conselhos de habitação e de bairros de lata, que podem não ter sido formalmente notificados como bairros de lata ao abrigo de qualquer lei (Office of the Registrar General and Census Commissioner, 2005). Felizmente, em Rajkot, quase todos os bairros de lata estão notificados. Neste artigo, a área de estudo inclui os bairros de lata situados no distrito número 11 da cidade de Rajkot. A estrutura deste artigo inclui a conceção de um formulário socioeconómico, a recolha de todos os dados necessários através de um inquérito aos agregados familiares, a relação dos dados com o SIG (ArcGIS 10) e o desenvolvimento de uma estratégia adequada para a reabilitação dos bairros degradados.

O Rajiv Awas Yojana (RAY) é um novo regime anunciado pelo Presidente da Índia no início de 2009, centrado nos habitantes dos bairros de lata e nas populações urbanas pobres. Este regime tem por objetivo promover uma Índia sem bairros de lata em cinco anos e centrar-se-á na concessão de direitos de propriedade aos habitantes dos bairros de lata. O regime centrar-se-á na concessão de direitos de propriedade aos habitantes dos bairros de lata e às populações urbanas pobres pelos Estados e territórios da União. Proporcionará serviços básicos, tais como abastecimento de água, esgotos, drenagem, estradas internas e de acesso, iluminação pública e infra-estruturas sociais nos bairros de lata e nas povoações com baixos rendimentos, adoptando uma abordagem de "toda a cidade". O programa prevê igualmente a concessão de crédito bonificado. No orçamento da União para 2009-10, a dotação para a habitação e o fornecimento de serviços básicos às populações urbanas pobres aumentou para 3 973 milhões de rupias. Esta verba inclui uma provisão de 150 milhões de rupias para o Rajiv Awas Yojana (RAY). De acordo com a proposta do governo UPA para este regime, os regimes de habitação a preços acessíveis através de parcerias e o regime de bonificação de juros para a habitação urbana seriam integrados no Rajiv Awas Yojana, que alargaria o apoio ao abrigo do JNNURM aos Estados que estivessem dispostos a atribuir direitos de propriedade às pessoas que vivem em bairros degradados. O esforço do Governo consistirá em criar uma Índia sem bairros de lata através do Rajiv Awas Yojana. A nota concetual sobre o RAY foi finalizada e enviada à Comissão de Planeamento para aprovação "em princípio". A Comissão de Planeamento concedeu recentemente a sua aprovação "em princípio" ao regime proposto. O projeto de orientações do regime foi preparado e distribuído a todos os Estados/UTs/Ministérios Centrais e peritos/ONGs para comentários. A criação de uma base de dados sólida sobre os bairros de lata é fundamental para a execução do projeto Rajiv Awas Yojana (RAY). O Ministério do HUPA desbloqueou fundos para a realização de inquéritos sobre bairros de lata/agregados familiares/ meios de subsistência em 394 cidades de classe I com mais de um lakh de população no país.

A base de dados SIG fornece contributos inestimáveis não só para o planeamento de infra-estruturas como estradas, esgotos e água potável, mas também ajuda a gerir serviços importantes para várias partes interessadas. A preparação de um sistema de apoio à decisão baseado em SIG para o desenvolvimento municipal é uma tarefa muito exigente. Uma base de dados SIG adequada fornece dados de planeamento cruciais para o planeamento de infra-estruturas, o ordenamento do território, o planeamento ambiental, o planeamento do desenvolvimento de bairros degradados, o desenvolvimento económico local, o apoio aos meios de subsistência e o planeamento relacionado com a saúde e a educação. Todas as componentes de planeamento acima referidas estão interligadas entre si. Além disso, todo o planeamento municipal está relacionado com o planeamento regional e o planeamento dos municípios vizinhos. É possível integrar o plano de desenvolvimento dos bairros degradados com o desenvolvimento das infra-estruturas, bem como com o plano de desenvolvimento económico local. Numa configuração democrática, este quadro SIG proporciona simultaneamente transparência aos representantes eleitos que dirigem os municípios e às partes interessadas.

CAPÍTULO 1.2 ÁREA DE ESTUDO

1.2 ÁREA DE ESTUDO

1.2.1 Geologia

Rajkot está situada a 22,3°N 70,78°E. Tem uma altitude média de 128 metros (420 pés). A cidade está situada na margem do rio Aji e do rio Nyari, que permanece seco exceto nos meses de monção de julho a setembro. A cidade estende-se por uma área de 170,00 km^2. Rajkot está situada na região chamada Saurashtra, no estado de Gujarat, na Índia. A importância da localização de Rajkot deve-se ao facto de ser um dos principais centros industriais de Gujarat. Rajkot tem uma localização central na zona denominada península de Kathiawar. A cidade está situada no distrito de Rajkot, em Gujarat. A cidade de Rajkot é a sede administrativa do distrito de Rajkot. O distrito está rodeado por Bhavnagar e Surendranagar a leste, Junagadh e Amreli a sul, Kutch a norte e Jamnagar a oeste.

1.2.2 Clima

Rajkot tem um clima semi-árido, com verões quentes e secos de meados de março a meados de junho e a estação das monções húmidas de meados de junho a outubro, quando a cidade recebe, em média, 590 mm de chuva. Os meses de novembro a fevereiro são amenos, com uma temperatura média de cerca de 20°C e baixa humidade.

Um dos fenómenos meteorológicos mais importantes, que está associado à cidade de Rajkot, é o "ciclone". Os ciclones ocorrem geralmente no Mar Arábico durante os meses que se seguem à estação das chuvas. A região regista muita precipitação e ventos de alta velocidade durante o período do ano que se segue à estação das monções, bem como nos meses de maio e junho. No entanto, o mês de junho regista menos precipitação e ventos do que a época pós-monção.

As trovoadas são outra parte importante do clima de Rajkot nos meses de junho e julho. Durante o verão, a temperatura varia entre 24°C e 42°C. Nos meses de inverno, a temperatura em Rajkot varia entre os 10°C e os 22°C, mas, de um modo geral, os Invernos são agradáveis.

1.2.3 Demografia

De acordo com o censo de 2011 da Índia, Rajkot registou uma população total de 1 286 995 habitantes. A cidade de Rajkot tem uma taxa média de literacia de 82,20%, superior à média nacional. A população masculina é de 525 880 pessoas e a feminina é de 477 134 pessoas, com uma percentagem de 52,43% para os homens e 47,57% para as mulheres. A maioria da população é hindu, com 97%, e a população muçulmana é superior a 2%. Na população muçulmana, 2% são muçulmanos sunitas.

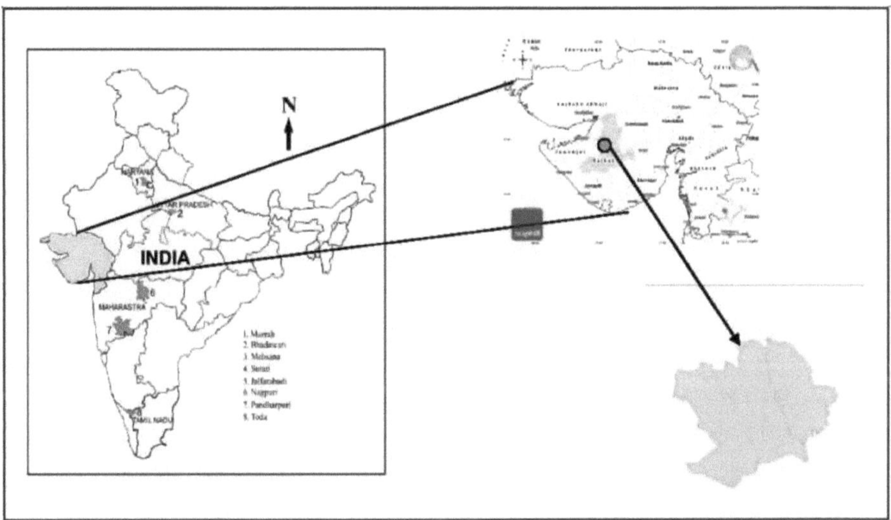

Fig. 1: Mapa de localização

CAPÍTULO 1.3 OBJECTIVO

1.3 OBJECTIVO

O objetivo mais rápido e mais importante é reabilitar as zonas de bairros degradados e tomar uma decisão para o planeamento estratégico utilizando informações espaciais, sendo necessárias as seguintes análises:

- Plano de reabilitação e relocalização de bairros degradados.

- Integrar os bairros de lata existentes no sistema formal e permitir-lhes beneficiar dos mesmos serviços básicos que o resto da cidade.

- Desenvolvimento/melhoria/manutenção de serviços básicos para as populações urbanas pobres, incluindo

- Abastecimento de água, esgotos, drenagem, gestão de resíduos sólidos, estradas de acesso e internas, iluminação pública, instalações comunitárias como casas de banho, mercados do sector informal, centro de subsistência, etc.

CAPÍTULO 1.4 REVISÃO DA LITERATURA

1.4 BREVE REVISÃO DA LITERATURA

Os bairros de lata na cidade produzem impactos complexos que afectam muitos factores, como o valor do solo da cidade, a elegância da cidade, as condições de higiene da cidade, etc. Durante os últimos cinquenta anos, a população da Índia aumentou duas vezes e meia, mas a população urbana aumentou quase cinco vezes. Em 2001, 306,9 milhões de indianos (30,5%) viviam em cerca de 3 700 vilas e cidades espalhadas pelo país, prevendo-se que esse número aumente para mais de 400 milhões e 533 milhões em 2011 e 2021, respetivamente. Por conseguinte, é urgente adotar a tecnologia moderna de teledeteção, que inclui sistemas aéreos e de satélite, o que nos permite recolher facilmente muitos dados físicos, com rapidez e numa base repetitiva, e, juntamente com o SIG, ajuda-nos a analisar os dados espacialmente, oferecendo possibilidades de gerar várias opções (modelização), optimizando assim todo o processo de planeamento. Estes sistemas de informação oferecem também uma interpretação dos dados físicos (espaciais) com outros dados socioeconómicos, constituindo assim um elo importante no processo global de planeamento, tornando-o mais eficaz e significativo. (ROLE OF GEOINFORMATICS IN URBAN PLANNING, Praveen Kumar Rai at.al; ISSN: 0447-9483, Journal of Scientific Research Vol. 55, 2011: 11-24). Estima-se que cerca de 80% de toda a informação tratada pelas agências governamentais tem uma componente espacial ou geográfica. (Franklin, Carl e Paula Hane, "An introduction to GIS: linking maps to databases", Database. 15 (2) abril, 1992, 17-22). Existem 124 bairros de lata em Rajkot e cerca de 20% da população vive em bairros de lata. A RMC propôs um projeto de habitação urbana para a construção de 8664 unidades de habitação ao abrigo do JNNURM. O custo deste projeto é de 191,38 milhões de rúpias. (Revision of city development plan- Final white paper, Rajkot Municipal Corporation, 2006, pp 5). O Sistema de Informação de Gestão (MIS), para o Inquérito aos bairros de lata/inquérito aos agregados familiares/inquérito aos meios de subsistência, é uma ferramenta eletrónica desenvolvida para criar um sistema de informação sólido sobre as infra-estruturas disponíveis nos bairros de lata e também sobre o perfil socioeconómico dos agregados familiares e os seus meios de subsistência. O sistema foi desenvolvido pelo Centro para a Boa Governação (CGG) para o Ministério da Habitação e do Alívio da Pobreza (MoHUPA) e é mantido em nome do Ministério. (Organização Nacional de Edifícios, Ministério da Habitação e do Alívio à Pobreza Urbana, 2011, pp1). Para conseguir criar uma mega base de dados geográficos que satisfaça as necessidades do município de Unayzah, são utilizadas ferramentas eficientes de levantamento topográfico e SIG, como ferramentas GPS, estações totais e scanners A0, para recolher dados geoespaciais e elaborar aplicações SIG e GPS, como a rede rodoviária. (Integração do novo procedimento de levantamento com o SIG para atualizar a base de dados geográficos da rede rodoviária: The case of Al Qasseem Region - Saudi Arabia, Dr. Khaled KHEDER at.al, pp3). As políticas relativas aos bairros degradados evoluíram de "Sítio e Serviços" na década de 1970 para "Reabilitação de bairros degradados" na década de 1980, "segurança da posse" na década de 1990 e "cidades sem bairros degradados" na década de 2000. Na Índia, foram também aplicadas várias políticas nacionais, por exemplo, o "Slum Networking Project" em Ahmedabad e o "Slum Redevelopment Scheme" em Mumbai. Muitas delas foram avaliadas e consideradas ineficazes (Simulating Spatio-Temporal Dynamics of Slum Formation In Ahmedabad, India, 2012, Amit Patel at.al; 2012, pp2,). A maior parte da investigação sobre bairros degradados tem girado em torno da defesa de teorias em experiências políticas de grande escala e, no máximo, da avaliação pós-implementação das mesmas. Os estudos empíricos têm-se centrado na avaliação das políticas ou no estudo das caraterísticas descritivas dos bairros de lata e dos seus habitantes. Pesquisas anteriores utilizaram especulações descritivas sobre as forças subjacentes à formação e expansão dos bairros degradados, mas não geraram uma compreensão suficiente para desenvolver políticas úteis e eficazes para os bairros degradados (Pugh 2001; Banco Mundial 2006; Gulyani e Bassett 2007; Gulyani e Talukdar 2008)

CAPÍTULO 1.5 MATERIAIS E MÉTODOS

1.5 METODOLOGIA

O seguinte diagrama de fluxo de trabalho (Fig.2) é preparado para compreender a metodologia completa.

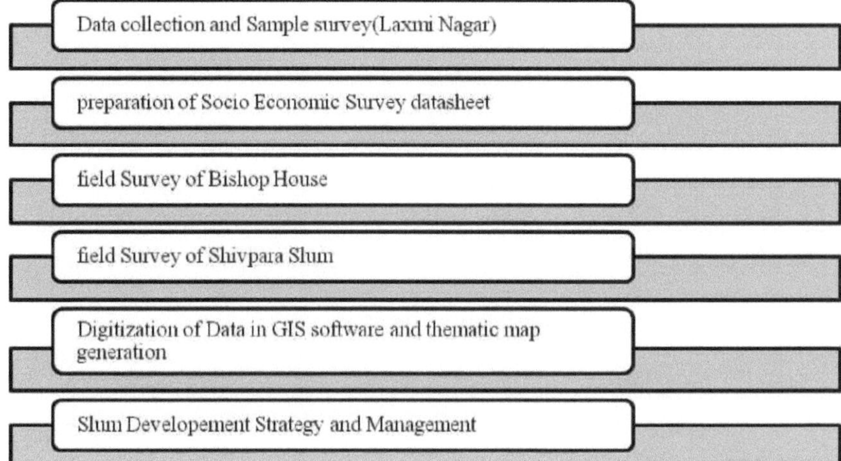

Fig.2: Fluxograma da metodologia

A folha de dados dos questionários (Fig.3) foi preparada para cada bloco no início do inquérito no terreno e os dados são introduzidos durante o inquérito.

Questionnaire Slum Socio-Economic Survey

Family detail

1. Religion

hindu		shikh	muslim	Christian	other

2. cast

Sc	st	obc	other

3. migration

Yes	no

   o if yes then

how much time in city	how much in slum

   o reason for migration

House detail

1. type of House

Kachha	semi kachha	pakka

2. housetax

if yes then how much?

3. Type of ceiling

Turpulin	wood	asbestos	grass	tiles	RC	other

type of flooring

Brick	Stone	cement	tiles	clay	other

4. types of wall

bamboo	clay	stone-brick	concrete

5. electricity

Yes	no

6. want to contribute for pakka house

Yes	no

7. legal status of house ownership

Yes	no

8. legal status of land

Lease hold	Ownership doc.	Encouragement on private	Encouragement on public	rented

9. DU use

Residential	mix	Other- than specify

Economical condition

1. family income

<12k	12k-24k	24k-36k	>36k

2. Revenue

<12k	12k-24k	24k-36k	>36k

3. Daily income

0-50	51-100	101-150	151-200

4. Health centre

	Govt.		Private		

5. Distance

<.5	.5-1	1-2	2-5	>5

Basic facility

1. Drinking water

Individual connection	public	common	other

2. time of water

Morning		evening	both	24hrs	noon	afternoon

3. water facility

Public	well	tank	tubewell	river	tanker	other

4. distance

<.2km	.2-.5	.5-1	>1

5. Water distribution

<1 hour	1-2	>2	Once a week	twice	uneven	no

6. pressure of water enough?

7. Water tax?

8. Toilet facility

Individual	common	pay&use	public

9. distance

<.2km	.2-.5	.5-1	>1

10. maintenance of public toilet facility done by

Municipal staff	Person appoint by community	By institution	Not available

11. bathroom facility

In house	Out house	Public facility	Not available

12. out of house distance

<1	1-2	>2

13. drainage facility

Yes	no

14. waste pick at home

Yes	no

Employment detail

1. Types

Daily	contract	seasonal	other

2. experience

3. You know your work?

4. Side business

5. Other income

Animal	farm	lease	other

- o   animal detail

Types	no.

6. working place

not fix	own house	own shop	office	other house
other shop	on road-fix	construction site	road not fix	other

Education facility

- o   primary school available?(if yes)

govt.	private

- o   distance

<1	1-2	>2

Fig.3: Exemplo de ficha de dados socioeconómicos

CAPÍTULO 1.6 RESULTADOS E DISCUSSÕES

1.6 RESULTADOS E DEBATES

O trabalho foi dividido em duas secções, como indicado a seguir:

- Secção 1 Estratégia a nível das alas

- Secção 2 estratégia a nível dos bairros degradados

1.6.1. SECÇÃO 1- (ESTRATÉGIA A NÍVEL DE BAIRRO)

Bairro n.º 11:

O distrito nº 11 está localizado na parte ocidental da cidade. A área total do bairro é de 3,35 quilómetros quadrados, o que constitui 3,20% da área total da Corporação, enquanto a população total do bairro é de 52 800 pessoas, o que representa 4,10% da população total da Corporação. O bairro está bem ligado a diferentes partes da cidade através de três estradas principais, nomeadamente a University Road, a Kalawad Road e a 150 Ring Road. Nos últimos anos, o bairro tem assistido ao desenvolvimento de edifícios de grande altura devido a um FSI elevado baseado na largura das estradas. A densidade populacional do bairro é de 15761 pessoas/km2.

Perfil da ala

Fig. 4 : Localização e conetividade da ala 11

Quadro 1: Distribuição do uso do solo do bairro nº 11

Utilização do solo Tipo	Área em metros quadrados	% da área total construída

Residencial	850051.49	83.37
Comercial	93808.22	9.20
Educação	32929.02	3.23
Público	26163.63	2.57
Industrial	182.31	0.02
Outros	16512.70	1.62
Total Construído	**1019647.37**	**100**

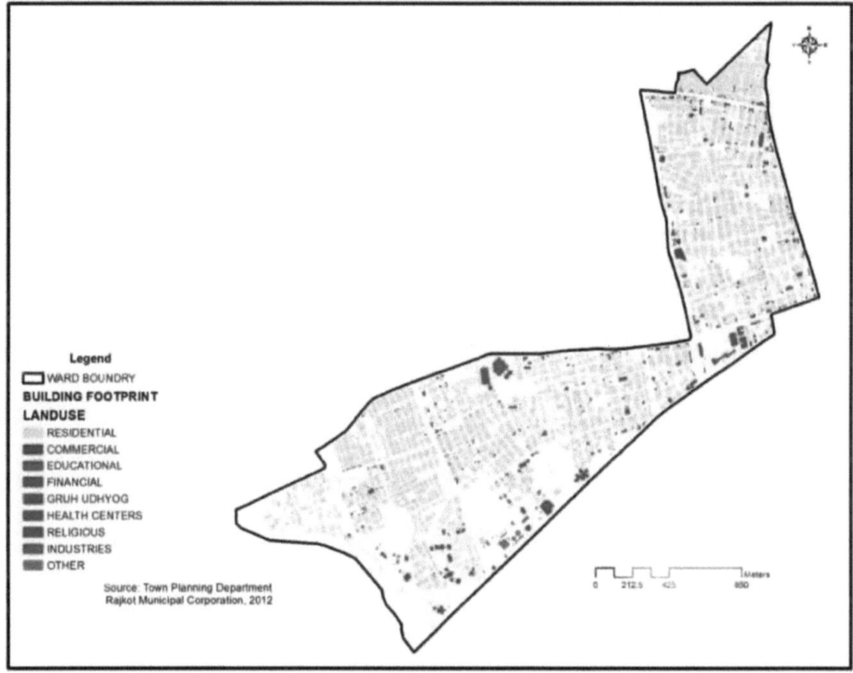

Fig. 5: Mapa de utilização do solo do bairro n.º 11

6 Os programas de TP inserem-se na ala 11, tal como indicado a seguir:

1. T.P Esquema 01

2. P.T. Regime 02

3. P.T. Regime 04

4.   Esquema T.P. 05

5.   P.T. Regime 06

6.   P.T. Esquema 16

Há um total de 2013 lotes em todos os cinco esquemas T.P. abrangidos pela ala 11, reservados para vários fins. A área total de todos os lotes de 2013 é de 2716853 metros quadrados, o que significa que 8,11% da área total (3349697) do bairro n.º 11 está reservada.

Quadro 2: Lotes reservados no âmbito dos regimes T.P. no bairro n.º 11

N.º Sr.	Reserva	N.º de parcelas	Área (m²)	% da área total reservada
1	Alojamento para as balanças electrónicas	11	61845	25.85
2	Comercial para venda	7	10899	4.56
3	Jardim	3	33411	13.96
4	Centro comercial	13	46150	19.29
5	Escola e parque infantil	4	10955	4.58
6	Residencial para venda	3	4239	1.77
7	Local público	6	27644	11.55
8	Espaço aberto e jardim	30	30258	12.65
9	Local público, escola e parque infantil	5	13871	5.80
Total			239272	100

Como mostra o quadro, o número de lotes (11) está reservado para "Habitação para S.E.W.S", o que representa quase 25,85% da área total reservada ao abrigo dos planos de planeamento urbano no bairro n.º 11. Existem dois bairros de lata identificados no bairro, denominados "behind bishops house" e "shivpara". O total de agregados familiares nas três bolsas de bairros de lata é 172+693=865 com uma população de 52800, o que significa que 1,62% da população do bairro vive em bairros de lata.

As duas bolsas de bairros de lata identificadas no bairro são Shivpara e Bishop House.

Tabela 3: Bairros degradados no distrito 11

Nome do bairro de lata	N.º e estado do TP	Lotes finais reservados	Lotes finais privados	Agregados familiares em bairros degradados	População dos bairros de lata
Atrás da casa do bispo	TPS 5 Nanmawa	-	92,94,95,278,286 287,288	33	142
shivpara	TPS 6 Raiya	-	177,179	180	693
Total				213	835

Fig. 6: Localização dos bairros de lata no distrito 11

O preço de pórtico do terreno no interior varia entre 6 000 e 12 500 Rs/m², enquanto o preço de mercado é 5 a 10 vezes superior ao preço de Jantri, o que indica uma elevada procura do terreno.

1.6.1.1. Inventário de terrenos:

Existem 11 lotes reservados para habitação social no distrito 11. Atualmente, 113 estão vagos e

6 estão a ser desenvolvidos para habitação social ao abrigo de vários regimes do governo estatal e central. Os restantes 2 lotes estão invadidos.

Fig. 7 : Inventário dos terrenos

Tabela 4: Inventário de terrenos a nível de bairro (terrenos do Governo do Estado* e dos ULB S.E.W.S.)

N.º F.P./N.º C.S./N.º S.	TP n.º.	Propriedade	Área (m²)	DUs Possíveis de serem construídos***
139			5824	300
251			2548	131
250	TPS 01 Raiya		3973	204
238			1649	85
432		ULB	2981	153
239			1429	73
784	TPS 02 Nanamawa	ULB	5551	285

285			1991	102
326			1635	84
218			17157	882
104	TPS 05 Nanamawa	ULB	7923	408

1.6.1.2. Declaração sumária dos bairros de lata

Shivpara:

Este bairro de lata tem cerca de 55 a 60 anos e está situado na zona central de Rajkot, junto ao aeroporto. A maior parte das casas deste bairro de lata são casas pukka (76,87%). A composição das castas é constituída por outras castas atrasadas (OBC). Cerca de 65% dos agregados familiares estão garantidos pela posse da terra. O bairro de lata situa-se ao lado da estrada de raiya, perto do círculo de raiya, numa estrada circular de 150 pés. Um dos lados deste bairro de lata é a estrada circular de 150 pés. O aeroporto também está muito próximo do bairro de lata. As caraterísticas do bairro de lata são predominantemente residenciais. O bairro tem pequenos estabelecimentos comerciais ao longo das estradas e não há unidades industriais ou indústrias caseiras nas proximidades do bairro de lata. A área do bairro de lata é de 1,28 hectares

Casa do Bispo:

O bairro de lata tem 85 a 90 anos. Há cerca de 3 ou 4 anos, como esta área fica ao lado do rio, devido às fortes chuvas, o rio ficou inundado e todos os electrodomésticos e outras provas e documentos de residência foram inundados, de acordo com as pessoas que vivem no bairro de lata. O bairro de lata Bishop House situa-se no distrito 11, ao lado do rio. Todo o bairro de lata está localizado em 7 lotes finais do esquema TP final. Todos os 7 são propriedade privada. O bairro está situado na estrada da universidade, que é uma estrada subarterial de Rajkot e conduz à sociedade Sarita Vihar. Exceto uma estação de correios, não existe qualquer zona comercial ou industrial. A área do bairro de lata é de 5,4 hectares.

De acordo com a análise, Shivpara é sustentável desde que as infra-estruturas sejam melhoradas, ao passo que Bishop House não é sustentável e tem de ser relocalizada. O inventário fundiário sugere que 3 terrenos vagos e 2 terrenos invadidos das 11 reservas de SEWS podem ser efetivamente utilizados para alojar todas as três povoações semi-sustentáveis.

1.6.1.3. Opções de desenvolvimento

A Matriz de Desenvolvimento (Tabela: 6) apresentada na página seguinte resume todos os parâmetros determinantes para a avaliação das opções de desenvolvimento adequadas aos respectivos bairros degradados. Alguns dos parâmetros também foram comparados com os parâmetros de referência padrão, a fim de compreender a deficiência na provisão de infraestrutura. A razão básica para a comparação com os parâmetros de referência é filtrar as favelas que estão bem e que atingem o padrão para serem classificadas como favelas. Neste caso, os bairros degradados não estão à altura dos padrões de referência em termos de certas comodidades disponíveis no bairro. Por conseguinte, a opção de desenvolvimento é concebida e elaborada no que respeita aos seus componentes, tal como indicado na Tabela 5 e 6. Resumindo, pode dizer-se que todos os bairros de lata são sustentáveis e podem ser reabilitados e dotados das infra-estruturas sociais necessárias.

1.6.1.4. Resumo financeiro

Quadro 5: Resumo financeiro

	Melhoria da unidade de alojamento			Construção de novos Dus			Extensão do abastecimento de água			Drenagem		
	N.º de DU	Custo unitário (Rs. /DU)	Subtotal A	N.º de DU	Custo unitário (Rs. /DU)	Subtotal B (em milhares de Rs.)	Área bruta do bairro de lata (em metros quadrados)	Custo unitário (Rs. /m²)	Subtotal C	Área bruta do bairro de lata (em metros quadrados)	Custo unitário (Rs. /m²)	Subtotal D
Casa do Bispo	N.A	275000	0	38	468650	1.55		438	0.00		159	0.00
Shivpara	180	275000	4.95	136	468650	0.00	104979	438	4.60	104979	159	1.67
Total			4.95	33		1.55	104979		4.60			1.67

	Casas de banho individuais			Estradas			Disponibilização de espaços de subsistência			Sítios e serviços			Total geral para o bairro de lata em milhares de rupias (A + B + C + D + E + F + G + H)
	Não.	Custo unitário (Rs. /WC)	Subtotal E	Área bruta do bairro de lata (em metros quadrados)	Custo unitário (Rs. /mt²)	Subtotal F	N.º de cabeças de gado	Custo unitário (Rs. /animal)	Subtotal G	Área (em metros quadrados)	Custo unitário (Rs. /mt²)	Subtotal H	
Casa do Bispo	N.A	40000	0		350	0.00		1000	0	0	374	0	1.55
Shivpara	180	40000	0.72	104979	370	3.88		1000	0	0	374	0	15.82
Total			0.72			3.88	0.00					0	17.368

Quadro 6: Matriz de desenvolvimento

Sr. não.	Nome do bairro de lata	Densidade populacional bruta (ppH)	FSI consumido	Densidade bruta do DU (ppH)	Condições de habitação % HH com Pucca DU	Serviços básicos			Estado das estradas
						% HH com torneira	% de famílias com casa de banho	% de famílias com recolha de resíduos em casa	
1	Shivpara	541	0.71	106	68	63	53	68	Não pavimentado
2	Casa do Bispo	26	0.07	7	12	45	52	6	não pavimentado
Referência			1.80	350 ppH	75	90	90	90	Pavimentado

Sr. não.	Nome do bairro de lata	Anos médios de permanência	Estatuto de propriedade da terra (Central, estatal, ULB ou privado)	N.º de proprietários	Estatuto de titularidade				
					% de agregados familiares com DU próprio	% Agregados familiares arrendatários	Qualquer despromoção ou ameaça prévia (S/N)	% HH que pagam imposto sobre propriedade	Percentagem de habitações informais (sem documentos adequados)
1	Shivpara	24.5	RMC TPS+PRIVA TE		77	21	N	70	91
2	Casa do Bispo	18.8	GVT		97	6	N	9	97

Srno	Nome do bairro de lata	Preferência de alojamento	Emprego	Situação económica

.		Disponibilidade para mudar de local de residência (S/N)	Acessibilidade (EMI prevista como 20% do rendimento médio) para EWS em Rs./Mês	Percentagem de pessoas com trabalho ocasional	Percentagem de famílias com trabalho no domicílio	% Agregados familiares com distância até ao local de trabalho até 3 kms	Rendimento médio mensal do agregado familiar dos colonos	% de famílias com rendimento mensal igual ou inferior a Rs. 5000
1	Shivpara	N	4800	43	N.A	8	4606	73
2	Casa do Bispo	N	2275	50	N.A	42	5893	42
Referência								

Sr. não.	Nome do bairro de lata	Média da área do espaço de habitação per	Média de casais sem quarto separad	Sítio perigoso (S/N)	TP final sancionado? (S/N)	Utilização proposta do solo de acordo com o D.P	Percentagem de Criação de gado HH	Opção de desenvolvimento	Componentes da opção

		capita	o						
1	Shivpara	11.18	N.R	N		Residencia l	1	Atualização in situ	Fornecimento de infra-estruturas físicas e sociais.
2	Casa do Bispo	12	N.R	Y		Residencia l		Deslocalização	-
Referência	**5.2**								

1.6.2.SECÇÃO 2- (ESTRATÉGIA A NÍVEL DOS BAIRROS DEGRADADOS)

(a) SHIVPARA:

Fig. 8: Vista de satélite do bloco de Shivpara

Perfil do bairro de lata:

1.6.2.1 (a). História do bairro degradado

Este bairro de lata tem cerca de 55 a 60 anos e está situado na zona central de Rajkot, junto ao aeroporto. A maior parte das casas deste bairro de lata são casas pukka (76,87%). A composição das castas é constituída por outras castas atrasadas (OBC). Cerca de 65% dos agregados familiares estão garantidos pela posse de terra.

1.6.2.2 (a). Localização do bairro de lata

A favela está localizada ao lado da estrada raiya perto do círculo raiya em 150 pés. estrada circular. Um dos lados deste bairro de lata é a estrada circular de 150 pés. O aeroporto também fica muito perto do bairro de lata.

1.6.2.3   (a). Caraterísticas do bairro

As caraterísticas da vizinhança do bairro de lata são predominantemente residenciais. O bairro tem pequenos estabelecimentos comerciais ao longo das estradas e não existem unidades industriais ou indústrias artesanais nas imediações do bairro de lata.

1.6.2.4   (a) Parâmetros físicos

1.6.2.4.1   (a) Área do bairro de lata (dados SIG)

A área do bairro de lata é de 1,28 hectares

1.6.2.4.2   .(a) Número de DU e número total de HH

Há cerca de 136 casas (DUs) em shivpara. O número total de agregados familiares no bairro de lata é de 180 e a população é de 693 pessoas. A média de pessoas que vivem em cada casa é de 3,6.

1.6.2.4.3   (a) Densidade populacional no bairro de lata

A densidade populacional bruta no bairro de lata é de 541 pessoas/ha

1.6.2.4.4   (a) Densidade de unidades de alojamento

De acordo com o UDPFI, a densidade máxima de unidades habitáveis é de 350 UD/Ha, mas em Shivpara é de 106 UD/Ha.

1.6.2.4.5   (a) FSI existente e admissível

FSI existente é = 0,70

FSI admissível é = 1,8

1.6.2.4.6   (a) Utilização do solo

Cerca de 98% dos HH são de uso residencial. As restantes são de uso misto.

1.6.2.4.7   (a) Se estiver ligado a linhas de água, linhas de esgotos e linhas de drenagem de águas pluviais ao nível da cidade

Os bairros degradados estão equipados com torneiras de água e rede de esgotos.

1.6.2.4.8 (a) Número de Anganwadi, escolas e centros de saúde no bairro de lata ou nas suas proximidades

Não há anganwadi nas proximidades da povoação, havendo uma escola municipal n° 60 a 1 km do bairro de lata.

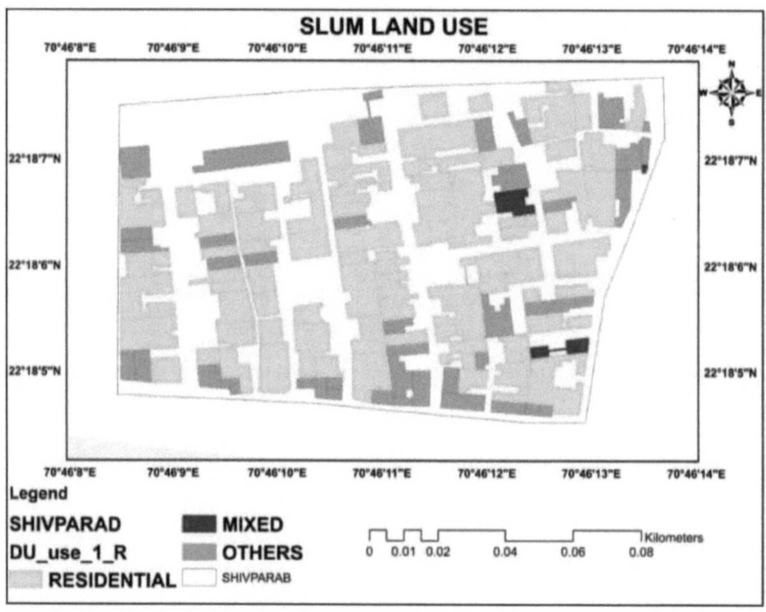

Fig. 9: Mapa de uso do solo em favelas

1.6.2.5 (a) Perfil demográfico

1.6.2.5.1 (a) Rácio de sexos

O rácio sexual de shivpara é de 883 mulheres por 1000 homens.

1.6.2.5.2 (a) Faixa etária

Tabela 7: População por faixa etária

Grupo etário	Frequência	%
<= 14	201	29
c 15 - 30	237	34.19
. 31-60	224	32.32

L_ 60+	31	4.47
L Total i ---	639	100
Não comunicado	0	-

1.6.2.5.3 (a) Taxa de literacia

Cerca de 70 % da população que vive no bairro de lata é alfabetizada.

1.6.2.5.4 (a) Participação na força de trabalho (15-59 anos)

Quadro 8: Taxa de participação na força de trabalho

Particularidades	Frequência	%
Trabalhadores	191	86.64
Não-trabalhadores	30	13.57
População total (15-59)	221	100

1.6.2.5.5 (a) Taxa de participação da força de trabalho

Tabela 9: Taxa de participação da força de trabalho

Dados	Frequência	%
Trabalhadores	210	30.30
Não-trabalhadores	483	69.70
População total	693	100

1.6.2.6 (a) Informações sobre o terreno

1.6.2.6.1 (a) Propriedade(s) das parcelas com o número de HH em que o bairro de lata está localizado

Invasão de um total de 2 parcelas finais em que se situa todo o bairro de lata, que são privadas.

Quadro 10: Número de HH em cada parcela

Sr. Não.	Propriedade das parcelas	N.º de parcelas	HHs
1	RMC	-	

2	Privado	2	180
3	Governo		
Total		2	180

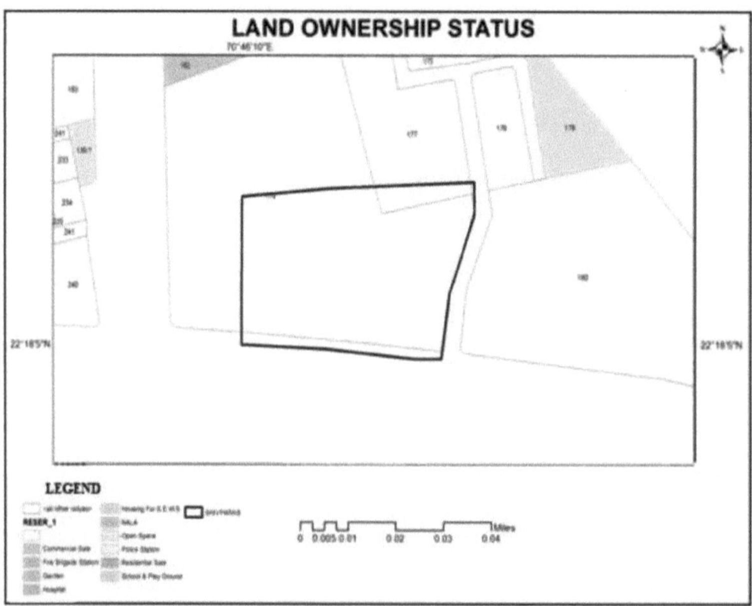

Figura 10: Mapa da propriedade da terra e reserva T.P

1.6.2.6.2   (a) Utilização das terras recomendada no âmbito do regime TP

Há um total de 2 parcelas, como mostra a Tabela 4, de propriedade privada.

1.6.2.6.3   (a) Utilização do terreno vizinho da parcela no regime TP

Toda a povoação está abrangida pela TPS final 06: Raiya. O uso do solo recomendado para as parcelas vizinhas é apenas residencial.

1.6.2.6.4   (a) Demolições efectuadas no passado

Não há registo de demolições no passado.

1.6.2.6.5   (a). Mercado fundiário

a.   Preços dos terrenos (taxa Jantri) - 6.000 a 12.500 rupias por metro quadrado

b.   Preços de mercado - Rs. 60 000 a 65 000 por metro quadrado

1.6.2.6.6 (a) Estatuto de titularidade

1.6.2.6.6.1 (a) Tipo de posse de terra

Apenas 2% dos HH têm documentos legítimos de propriedade e têm uma posse segura, enquanto 7% têm uma posse totalmente insegura, pois não têm qualquer prova documental que comprove a sua permanência. Os restantes 91% estão a ter uma posse menos segura, pois têm documentos que reconhecem a sua estadia, mas não conferem a propriedade legal (Tabela: 11)

Quadro 11: Posse da terra

Tipo de posse	HH	%
Seguro	4	2
Menos seguro	150	91
Inseguro	11	7
Total	165	100
Em branco	0	-

1.6.2.6.7 (a) Classe de rendimento por propriedade de habitação e renda média

Do total de 165 agregados familiares, quase 21% são arrendatários (quadro 12).

Quadro 12: Estatuto de proprietário da casa

Classe de rendimento	NR %	Proprietário %	Inquilino %	Renda média em Rs./Mês
<= 5000	2	78	21	1461
5001 - 10000	5	72	23	1722
10001+	0	83	17	1800
Total	2	77	21	4983

1.6.2.6.8 (a) Infra-estruturas físicas e sociais

Quadro 13: Serviços básicos a nível do agregado familiar

Serviços básicos	% de famílias
Abastecimento de água (torneira individual)	63.06

Casa de banho (HH individual)	53.33
Drenagem (Ligação HH)	83.33
Recolha de resíduos porta a porta	68.33
Ligação eléctrica	90.00

1.6.2.7 . a) Qualidade da habitação

Tabela 14: Tipo de casa

Tipo de casa	Frequência	%
Kutcha	20	11.56
Semi-Pucca	20	11.56
Pucca	133	76.87
Total	173	100
Não comunicado	0	-

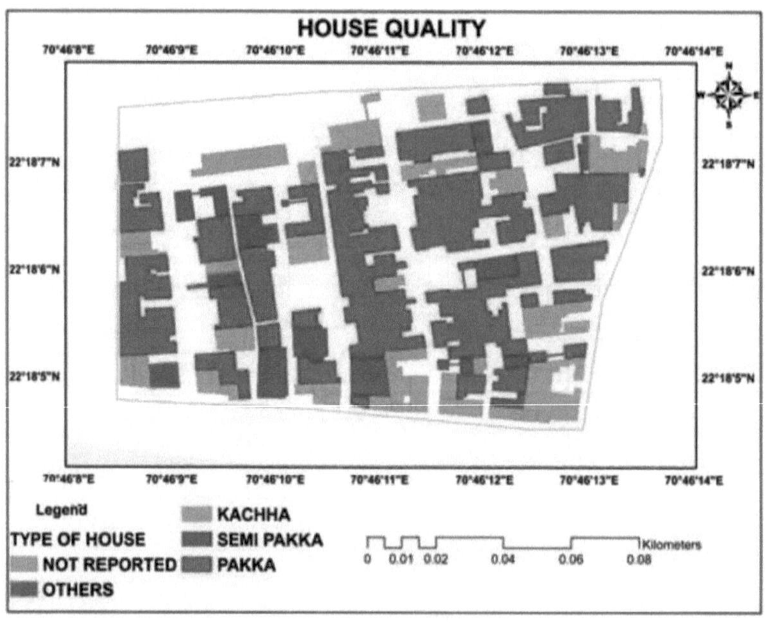

Figura 11: Qualidade da habitação

1.6.2.7.1 .(a) Tipologia dos edifícios e utilização das habitações

Tabela 15: Tipologia dos edifícios

Nº de pisos	Número de UDs	%
Rés do chão	98	72.05
G+1	38	27.95
Acima de G+1		

Figura 12: Tipologia de edifícios

1.6.2.7.2 (a) Espaço de habitação per capita por grupo de rendimento

Quadro 16: Espaço de habitação per capita

Grupo de rendimentos	Espaço para habitação per capita m2
Menos de 5000	13
5000-10000	10
Mais de 10000	12
Total	11

1.6.2.7.3 (a) Número de HH com pormenores sobre o quarto

Quadro 17: Dimensão da habitação em termos de divisões

Tamanho da casa	Frequência	%
1 Quarto Cozinha	80	46
Cozinha de 2 divisões	89	51
Cozinha com 3 divisões	2	1
Cozinha de 4 divisões	3	2
Total	174	100
Não comunicado	6	-

1.6.2.8   (a) Condições económicas

1.6.2.8.1   (a) Classificação profissional

Quadro 18: Profissão

Ocupação	Frequência27	%
Trabalho	75	26.69
Emprego	6	2.13
Criação de animais	1	0.35
Fornecedor	7	2.49
Empregada doméstica	17	6.04
Outros	175	62.27
Total	281	100
Não comunicado (da população ativa total)	0	-

1.6.2.8.2(a) Intervalo de rendimentos

Tabela 19: Faixa de renda

Grupo de rendimentos	Categoria	Nº de HH	%
<= 5000	EWS	119	70.83
5001 - 10000	LIG	42	25.59

10001+	MIG e superior	6	3.57
Total		167	100
Não declarado do total de HH		0	-

1.6.2.8.3 a) Distância do local de trabalho

Quadro 20: Distância até ao local de trabalho

Distância até ao local de trabalho	Frequência	%
0-3 km.	13	8
4-6 km.	72	43
7-9 km.	47	28
Mais de 9 km	35	21
Total	167	100
Não comunicado em relação ao total de HH	13	-

1.6.2.8.4 a) Acessibilidade

Tabela 21: Renda como percentagem do rendimento e acessibilidade média por grupo de rendimento

Grupo de rendimentos	Avg. Renda como percentagem do rendimento	Acessibilidade média como 20 por cento do rendimento (em Rs./Mês)	Média. Três vezes o rendimento anual
<= 5000	10	659.6	118745
5001 - 10000	7	1474	265395
10001+	9	2666	480000
Total	25	4800	864140

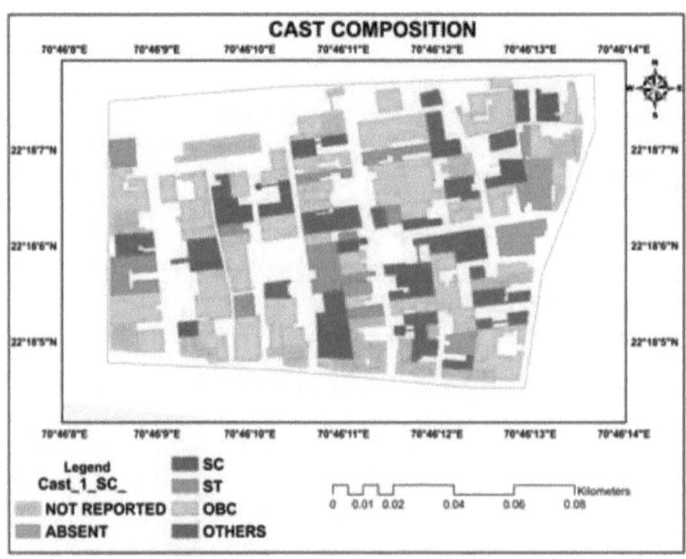

Fig.13: Distribuição da comunidade

(b) Casa do Bispo

Fig. 14: Vista de satélite da Bishop House

Perfil do bairro de lata:

1.6.2.1   (b). História do bairro de lata

O bairro de lata tem 85 a 90 anos. Há cerca de 3 ou 4 anos, como esta zona fica ao lado do rio, devido às fortes chuvas, o rio ficou inundado e todos os electrodomésticos e outros comprovativos e documentos de residência foram inundados, segundo as pessoas que vivem no bairro de lata.

1.6.2.2 (b) Localização do bairro de lata

O bairro de lata Bishop House situa-se no distrito 11, junto ao rio. Todo o bairro de lata está localizado em 7 lotes finais do esquema TP final. Todos os 7 são propriedade privada.

1.6.2.3 (b) Caraterísticas do bairro

A povoação situa-se na estrada da universidade, que é uma estrada subarterial de Rajkot e conduz à sociedade Sarita Vihar. Exceto uma estação de correios, não existe qualquer zona comercial ou industrial.

1.6.2.4 (b) Parâmetros físicos

1.6.2.4.1 (b) Área do bairro de lata (dados SIG)

A área do bairro de lata é de 5,4 hectares.

1.6.2.4.2 (b) Número de DU e número total de HH

O número total de famílias (ou seja, agregados familiares) no bairro de lata é de 33. O número total de casas (ou seja, DU) é de 38, com uma população total de 142 pessoas. A dimensão média do agregado familiar é de 3,85

1.6.2.4.3 (b) Densidade populacional no bairro de lata

A densidade populacional bruta no bairro de lata é de 26 pessoas/ha, o que é muito inferior à de qualquer outro bairro de lata.

1.6.2.4.4 (b) Densidade de unidades de alojamento

De acordo com o UDPFI, a densidade máxima de unidades habitáveis é de 350 UDs/Ha, mas em Shivpara é de 7 UDs/Ha. A razão para esta população muito reduzida pode ser o registo de água e o HFL do rio.

1.6.2.4.5 (b) FSI existente e admissível

FSI Existente é = 0,07

FSI admissível é = 1,8

1.6.2.4.6 (b) Utilização do solo

As unidades de habitação são maioritariamente utilizadas para fins residenciais. Embora algumas famílias estejam envolvidas no negócio de pani-puri, que é parcialmente comercial na área residencial (Fig. 15).

1.6.2.4.7   (b) Se estiver ligado a linhas de água, linhas de esgotos e linhas de drenagem de águas pluviais ao nível da cidade

O bairro de lata não dispõe de torneiras de abastecimento de água, apesar de já existir uma rede de condutas. O bairro de lata situa-se junto ao rio, pelo que não existe drenagem.

1.6.2.4.8   (b) Número de Anganwadi, escolas e centros de saúde no bairro de lata ou na sua proximidade

Existe uma escola municipal n.º 94, sem anganwadi e sem centros de saúde primários em redor da povoação.

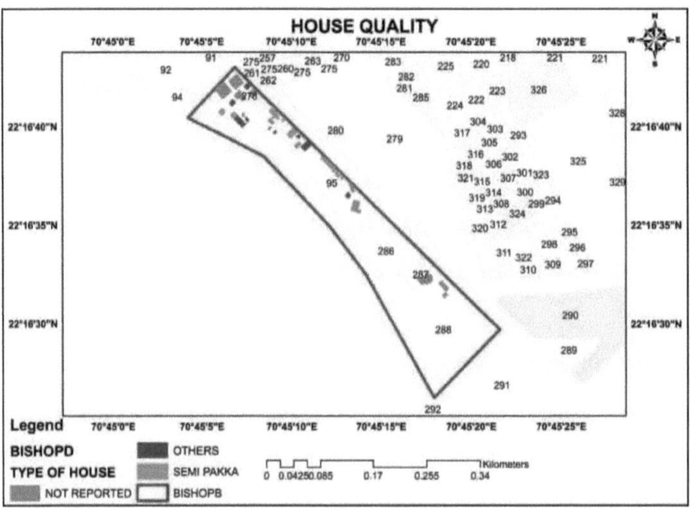

Fig. 15: Mapa de uso do solo

1.6.2.5 b) Perfil demográfico

1.6.2.5.1   (b) Rácio entre os sexos

O rácio entre os sexos no bairro de lata é de 918 mulheres por cada 1000 homens

1.6.2.5.2   (b) Faixa etária

Tabela 22: População por faixa etária

Grupo etário	Frequência	%
<= 14	50	35

15 - 30	49	35
31-60	42	30
60+	1	1
Total	142	100
Não comunicado	0	-

A faixa etária ativa, ou seja, dos 15 aos 59 anos, na população total é de 54% e o rácio de dependência da idade no bairro de lata é de 56.

1.6.2.5.3 (b) Taxa de literacia

A taxa de alfabetização é de 67%.

1.6.2.5.4 (b) Participação na força de trabalho (15-59 anos)

Quadro 23: Taxa de participação da força de trabalho

Particularidades	Frequência	%
Trabalhadores	40	44
Não-trabalhadores	51	56
População total (15-59)	91	100

1.6.2.5.5 (b) Taxa de participação da força de trabalho

Tabela 24: Taxa de participação da força de trabalho

Dados	Frequência	%
Trabalhadores	42	30
Não-trabalhadores	100	70
População total	142	100

1.6.2.6 b) Informações sobre o terreno

1.6.2.6.1 (b) Propriedade(s) das parcelas com o número de HH em que o bairro de lata está localizado

Há um total de 7 lotes finais nos quais se situa todo o bairro de lata.

Todos são propriedade privada.

Tabela 25: N.º de HH em cada parcela

Sr. Não.	Propriedade das parcelas	N.º de parcelas	HHs
1	RMC	-	
2	Privado	7	33
3	Governo	-	
Total		7	33

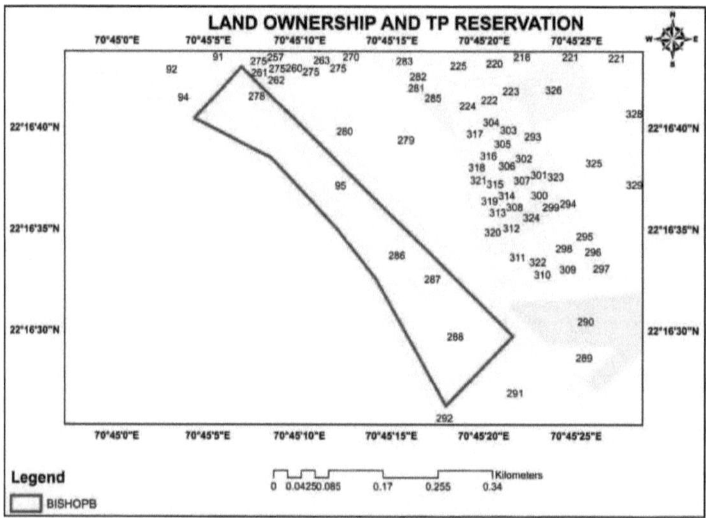

Fig. 16: Mapa de propriedade de terras e reserva de TP

1.6.2.6.2   (b) Utilização das terras recomendada no âmbito do regime TP

Há um total de 7 F.Ps reservados, como mostra a tabela: 4 Propriedade privada.

1.6.2.6.3   (b) Utilização do terreno vizinho da parcela no regime TP

Toda a povoação está abrangida pela TPS final 05. A utilização do solo recomendada para as parcelas vizinhas é exclusivamente residencial.

1.6.2.6.4   (b) Eventuais demolições no passado

Não há registo de demolições no passado.

1.6.2.6.5   (b) Mercado de terrenos

Preços dos terrenos (taxa Jantri) - 6.000 a 12.500 rupias por metro quadrado

Preços de mercado - Rs. 60 000 a 65 000 por metro quadrado

1.6.2.6.6   (b) Estatuto de titularidade

1.6.2.6.6.1   (b) Tipo de posse de terra

Nenhum dos HH com documentos legítimos de propriedade tem uma posse segura, enquanto apenas 97% têm uma posse totalmente insegura, pois não têm qualquer prova documental que comprove a sua permanência (Tabela: 26). Apenas 3% estão a ter uma posse menos segura, pois têm documentos que reconhecem a sua estadia, mas não têm propriedade legal.

Quadro 26: Tipo de posse de terra

Tipo de posse	HH	%
Seguro	0	0
Menos seguro	1	3
Inseguro	32	97
Total	33	100
Em branco	0	-

1.6.2.6.6.2   (b) Classe de rendimento por propriedade de casa e renda média

Cerca de 20% das famílias são arrendatárias. A renda média ascende a cerca de 2609 rupias por mês.

Tabela 27: Estado de propriedade da casa

Classe de rendimento	NR %	Proprietário %	Inquilino %	Renda média em Rs./Mês
<= 5000	0	100	0	0
5001 - 10000	0	89	11	1500
10001+	0	0	0	0
Total	0	94	6	1500

1.6.2.6.7   (b) Infra-estruturas físicas e sociais

Tabela 28: Serviços básicos a nível do agregado familiar

Serviços básicos	% de famílias
Abastecimento de água (torneira individual)	45
Casa de banho (HH individual)	52
Drenagem (Ligação HH)	3
Recolha de resíduos porta a porta	6
Ligação eléctrica	100

1.6.2.7(b) Qualidade da habitação

1.6.2.7.1 (b) Tipo de casa

A favela tem quase 46% de suas casas semi-pucas (Tabela 29).

Tabela 29: Tipo de casa

Tipo de casa	Frequência	%
Kutcha	7	21
Semi-Pucca	22	67
Pucca	4	12
Total	33	100
Não comunicado	0	-

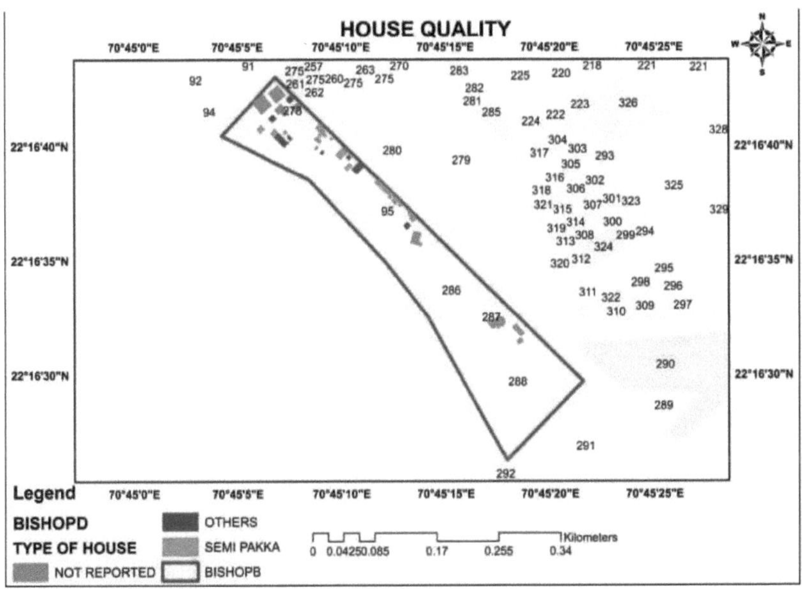

Fig. 17: Mapa da qualidade da habitação

1.6.2.7.2   (b) Tipologia dos edifícios e utilização das habitações

A maior parte dos HH (99%) são utilizados para fins residenciais.

Tabela 30: Tipologia dos edifícios

Nº de pisos	Número de UDs	%
Rés do chão	36	94.73
G+1	2	5.26
Acima de G+1		

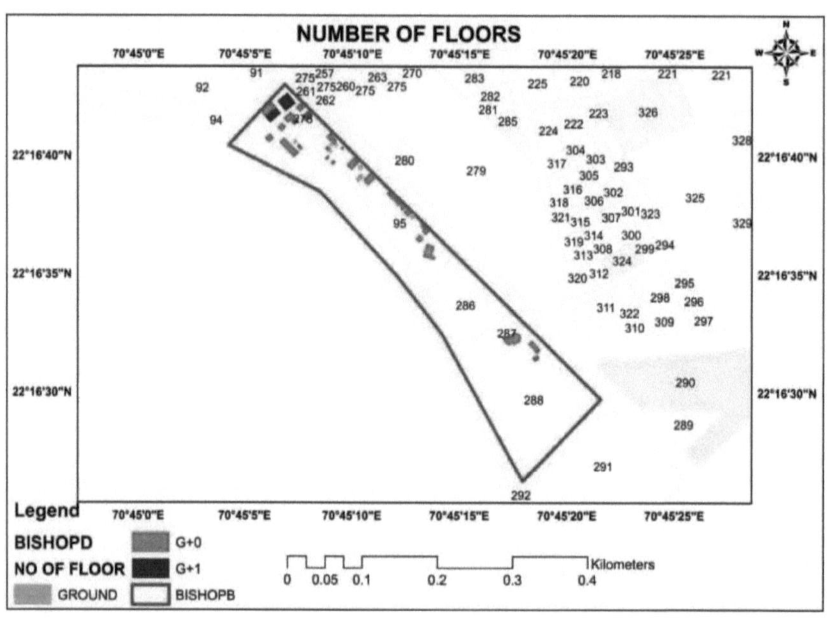

Fig. 18: Tipologia de edifícios

1.6.2.7.3 (b) Espaço de habitação per capita por grupo de rendimento

Quadro 31: Espaço de habitação per capita

Grupo de rendimentos	Espaço para habitação per capita m2
Menos de 5000	12
5000-10000	12
Mais de 10000	-
Total	12

1.6.2.7.4 (b) Número de HH com pormenores sobre o quarto

Quadro 32: Dimensão da habitação em termos de divisões

Tamanho da casa	Frequência	%
1 Quarto Cozinha	13	39
Cozinha de 2 divisões	20	61
Cozinha com 3 divisões	0	0

Cozinha de 4 divisões	0	0
Total	33	100

1.6.2.7.5 (b) Percentagem de agregados familiares com cozinha separada

Não registado

1.6.2.7.6 (b) Condições económicas

1.6.2.7.6.1 (b) Classificação profissional

A maioria da população ativa está envolvida em trabalhos manuais (50%), seguida de vendedores e motoristas.

Quadro 33: Situação profissional

Ocupação	Frequência	%
Trabalho	21	50
Trabalho	3	7
Condutor	8	19
Criação de animais	2	5
Vendedor	7	17
Outros	1	2
Total	42	100
Não comunicado (da população ativa total)	0	-

1.6.2.7.6.2(b) Intervalo de rendimentos

Tabela 34: Faixa de renda

Grupo de rendimentos	Categoria	Nº de HH	%
<= 5000	SAR	14	42
5001 - 10000	LIG	19	58
10001+	MIG e superior	0	0

Total	33	100
Não declarado do total de HH	0	-

1.6.2.7.6.3 (b) Distância do local de trabalho

Quadro 35: Distância até ao local de trabalho

Distância até ao local de trabalho	Frequência	%
0-3 km.	14	42
4-6 km.	3	9
7-9 km.	12	36
Mais de 9 km	4	12
Total	33	100
Não comunicado em relação ao total de HH	0	-

1.6.2.7.6.4 (b) Percentagem de trabalhadores domiciliários

NIL

1.6.2.7.6.5 (b) Investimentos em habitação

Não comunicado

1.6.2.7.6.6 (b) Acessibilidade.

Tabela 36: Renda como percentagem do rendimento e acessibilidade média por grupo de rendimento

Grupo de rendimentos	Avg. Renda como percentagem do rendimento	Acessibilidade média como 20 por cento do rendimento (em Rs./Mês)	Média. Três vezes o rendimento anual
<= 5000	0	864.28	155571.4
5001 - 10000	1	1410.52	253894.7
10001+	0	0	0
Total	1	2275	409466.1

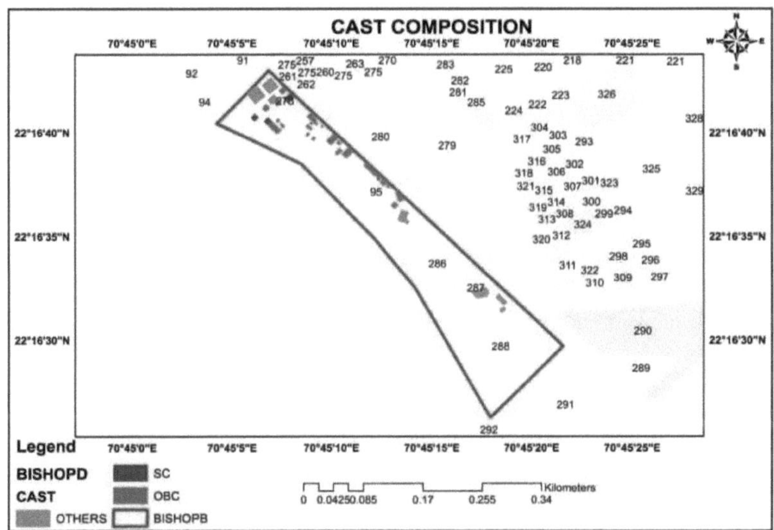

Fig. 19: Mapa de distribuição da comunidade

1.6.2.7.6.7   (b) Espaços de subsistência

Apenas 1 HH tem gado, incluindo vacas e búfalos (3 e 3 respetivamente)

CAPÍTULO 1.7 CONCLUSÃO E RECOMENDAÇÕES

1.7 CONCLUSÃO E RECOMENDAÇÕES

1.7.1 SHIVPARA SLUM

Preferências de alojamento:

A negociar com os moradores através de discussões de grupo, estes podem preferir viver na mesma zona em vez de migrar para outra zona devido ao valor da terra e à distância do local de trabalho.

Questões de desenvolvimento no bairro de lata:

O sistema de drenagem é muito deficiente e, na monção, os problemas de alagamento são dominantes, pelo que deve existir um sistema de drenagem prático e eficiente. Devido ao facto de o aeroporto se situar mesmo ao lado, a altura permitida para a construção é limitada.

Análise de vulnerabilidade:

A povoação é semi-tenível, uma vez que necessita de infra-estruturas adequadas. A maior parte das casas não está em conformidade com o GDCR, pelo que podem ser redesenhadas ou remodeladas para uma reabilitação in situ.

Opções de desenvolvimento:

A requalificação in situ tem em conta as preferências de localização dos habitantes dos bairros de lata e o preço dos terrenos nas zonas circundantes.

1.7.2 BAIRRO DE LATA DA CASA DO BISPO

Preferências de alojamento:

Em negociações com as pessoas, estas disseram preferir ficar aqui, mas se houver melhores instalações, não terão qualquer problema em mudar-se.

Questões de desenvolvimento no bairro de lata:

O terreno situa-se entre o rio e a estrada da universidade, pelo que não há possibilidade de qualquer tipo de estrutura sólida.

Análise de vulnerabilidade:

A povoação situa-se perto de um pântano de baixa altitude e é afetada por inundações durante as monções, pelo que o local não é sustentável do ponto de vista da saúde e da segurança.

Opções de desenvolvimento:

Em termos de análise, o bairro de lata pode ser relocalizado.

Lista de abreviaturas

GIS	Geographical Information System
FSI	Floor Space Index
SEWS	Society of Economical Weaker Section
TPS	Town Planning Scheme
DU	Dwelling Unit
DPR	Development Plan Report
RAY	Rajiv Awas Yozana
HH	House Hold
WPR	Work Force Participation Rate
EWS	Economical Weaker Section
LIG	Low Income Group
MIG	Medium Income Group
GDCR	General Development Control Regulation
MoHUPA	Ministry of Housing and Urban Poverty Alleviation

BIBLIOGRAFIA

Adam Parsons (2010): The Seven Myths of Slums: Challenging popular prejudices about the world's urban poor, The World's Resources, ISBN 978-1907121-02-9, pp. 14

Agarwal, P., Garg, S., Singh, M. (2007): Maternal health-care utilization among women in an urban slum in Delhi (Utilização dos cuidados de saúde maternos entre as mulheres num bairro de lata urbano em Deli). Vol. 32: 32:203-5; doi: 10.4103/09700218.36829.

Arandel, C., e Wetterberg, A. (2013): Entre a realocação de favelas "autoritária" e "empoderada": Social mediation in the case of Ennakhil, Morocco. Cidades, 30, pp. 140-148.

Arimah, Ben C. (2010): The face of urban poverty: Explaining the prevalence of slums in developing countries, Documento de trabalho, Instituto Mundial de Investigação Económica para o Desenvolvimento, 30.

Bannerjee, T. e Chakrovorty, S. (1994): Transferência de tecnologia de planeamento e economia política local: uma análise retrospetiva de Calcutá, Journal of the American Planning Association, 60, pp. 71-82.

Barros, J. (2012); "Exploring Urban Dynamics in Latin American Cities Using an Agent-Based Simulation Approach," In Heppenstall, A., Crooks, A.T., See, L.M. And Batty, M. (Eds.), Agent-Based Models of Geographical Systems, Springer, New York, NY; Pp571-590.

Bartone, C., Bernstein, J., Leitmann, J. e Eigen, J. (1994): Toward Environmental Strategies for Cities. Washington, DC: Banco Mundial.

Baud, I.S., Pfeffer, K., Sridharan, N. And Nainan, N; (2009); "Matching Deprivation Mapping to Urban Governance In Three Indian Mega-Cities"; Habitat International;33(4); Pp365-377.

Becky Tunstall e Stuart Lowe (2012): The impact of post-war slum clearance in the UK, Social Policy and Social Work, The University of York. http://www.york.ac.uk/spsw/news-and-events/news/2012/breaking-up- communities/

Benenson, I., Omer, I. And Hatna, E; (2003); "Agent-Based Modeling of Householders' Migration Behaviour And Its Consequences," In Billari, F.C. And Prskawetz, A. (Eds.), Agent-Based Computational Demography: Using Simulation to Improve Our Understanding of Demographic Behaviour, Physica- Verlag Heidelberg, New York, NY; Pp97-115.

Bonnie Young Laing (2014): Slums and Affordable Housing, Encyclopedia of Social Work(printed), acedido online, National Association of Social Worker s e Oxford University

Press, EUA,

DOI : 10.1093/acrefore/9780199975839.013.1026,pp. 1-16

Business Standard (15 de junho de 2012): "Vítimas da urbanização: Índia, Indonésia e China". Rediff.com. Recuperado em 15 de junho de 2012.

Christine Kessides (1997): World Bank Experience with the Provision of Infrastructure Services for the Urban Poor, The World Bank,pp. 1-41.

Clarke, K.C. And Gaydos, L.J; (1998); "Loose-Coupling A Cellular Automaton Model and GIS: Long-Term Urban Growth Predictions for San Francisco and Baltimore"; International Journal of Geographic Information Science; 12(7); Pp699-714.

Craig Glenday (2012): Guinness World Records 2012, Bantam, ISBN 978-0345-54711-8, pp. 277.

Crooks, A.T; (2010); "Constructing and Implementing An Agent-Based Model of Residential Segregation Through Vetor GIS"; International Journal of GIS; 24(5); Pp661-675.

Crooks, A.T. And Castle, C.;(2012); "The Integration of Agent-Based Modeling and Geographical Information for Geospatial Simulation," In Heppenstall, A., Crooks, A.T., See, L.M. And Batty, M. (Eds.), Agent-Based Models of Geographical Systems, Springer, New York, NY; Pp219-252.

Daniel Tovrov (9 de dezembro de 2011): 5 Biggest Slums in the World (5 maiores bairros de lata do mundo), International Business Times.

Datta Pranati (2006): Urbanisation in India, Conferência Europeia sobre a População, 21-24 de junho, pp. 1-16, recuperado em 13 de junho de 2012.

Dhawale, A.K. And Landge, S.D; (2000); "Remote Sensing And GIS Based Inputs For The Preparation Of A Development Plan Of Pimpari-Chinchwad Municipal Corporation (Pcmc) Area For The Year 2018"; Pp22-33

Donald A. Krueckeberg e Kurt G. Paulsen (2000): Urban Land Tenure Policies in Brazil, South Africa, and India: an Assessment of the Issues, Lincoln Institute, Rutgers University.

Engelen, G., White, R. e Nijs, T.; (003); "Environment Explorer: Spatial Support System for the Integrated Assessment of Socio-Economic and Environmental Policies in the Netherlands"; Integrated Assessment; 4(2); Pp97- 105.

Fiori, J. And Braιukφo, Z. ;(2010); "Spatial Strategies And Urban Social Policy: Urbanismo e redução da pobreza nas favelas do Rio de Janeiro" In Hernandez, F., Kellett, P. And Allan, L. (Eds.), Rethinking The Informal City: Perspectivas Críticas da América Latina, Berghahn Books, Oxford, Reino Unido; Pp181-206.

Gardiner, B. (1997): Squatters' Rights and Adverse Possession: A Search for Equitable Application of Property Laws, Ind. Int'l & Comp. L. Rev., 8, pp. 119.

Handzic, K; (2010); "Is Legalized Land Tenure Necessary in Slum Upgrading? Aprendendo com as Políticas de Posse de Terra do Rio de Janeiro no Programa Favela Bairro"; Habitat Internacional; 34(1); Pp11-17.

Harms, H. (1982): "Historical Perspectives on the Practice and Politics of SelfHelp Housing", In Ward, P. (Ed.) Self-Help Housing: A Critique, Mansell, Londres, Reino Unido; p. 17-53.

Hindustan Times (27 de junho de 2007): Urbanização na Índia mais rápida do que no resto do mundo, Recuperado em 13 de junho de 2012.

Ibitoye (2013): Os objectivos de desenvolvimento do milénio e as necessidades energéticas das famílias na Nigéria. SpringerPlus, 2:529. doi:10.1186/2193-1801-2-529.

J R Ashton (2006): Back to back housing, courts, and privies: the slums of 19th century England, J Epidemiol Community Health 2006;60:654

Kamaldeo Narain Singh (1978): Urban Development in India. Publicações Abhinav. ISBN 978-81-7017-080-8. Recuperado em 13 de junho de 2012.

Kennedy, W. (2012); "Modelling Human Behaviour in Agent-Based Models" In Heppenstall, A., Crooks, A.T., See, L.M. And Batty, M. (Eds.), Agent-Based Models of Geographical Systems, Springer, New York, NY; Pp167-180.

Kristian Buhl Thomsen (2012): Modernism and Urban Renewal in Denmark 1939-1983, Universidade de Aarhus, 11ª Conferência sobre História Urbana, EAUH, Praga.

Kross, E. (1992): Spontaneous settlements in Lima: urbanization processes in a Latin American metropolis, Ferdinand Schoningh, ISBN 3-506-71265-9

Laquian, A. (1977); "Whither Sites And Services";Habitat International;2(2-3); Pp291-301.

Lawrence Vale (2007): From the Puritans to the Projects: Public Housing and Public Neighbors, Harvard University Press, ISBN 978-0674025752, pp. 1-482

Luna, E. M., Ferrer, O. P. e Ignacio, JR., U. (1994): Participatory Action Planning for the Development of Two PSF Projects. Manila: Universidade das Filipinas.

Malpezzi, S. e Mayo, S. (1987); "The Demand for Housing In Developing Countries: Empirical Estimates From Household Data"; Economic Development And Cultural Change; 35(4); Pp687-721.

Marie Huchzermeyer e Aly Karam (2006): Informal settlements: A perpetual challenge? Cidade do Cabo, SA: University of Cape Town Press, pp. 41-61.

Martino Pesaresi et.al (2013): A Global Human Settlement Layer from optical high resolution imagery-Concept and first results, JRC Scientific and Policy reports, Centro Comum de Investigação Instituto para a Proteção e Segurança dos Cidadãos, União Europeia, doi:10.2788/73897, ISBN 978-92-79-27988-1, pp. 1107

Martijn Koster e Monique Nuijten (2012): Do preâmbulo às frustrações pós-projeto: The Shaping of a Slum Upgrading Project in Recife, Brazil. Antipode, 44 (1), pp. 175-196.

Mason, S.O., Baltsavias, E.P. And Bishop, I; (1997); "Spatial Decision Support Systems for the Management of Informal Settlements"; Computers, Environment and Urban Systems; 21(3-4); Pp189-208.

Mona Serageldin, Elda Solloso, e Luis Valenzuela (2006): Local Government Actions To Reduce Poverty And Achieve The Millennium Development Goals, Global Urban Development, Volume 2 Issue 1, pp. 1-21

Ngo, T.N. And See, L.M; (2012); "Calibration and Validation of Agent-Based Models of Land Cover Change" In Heppenstall, A., Crooks, A.T., See, L.M. And Batty, M. (Eds.), Agent-Based Models of Geographical Systems, Springer, New York, NY; Pp. 181-198.

Nyametso, J. K. (2012): Resettlement of slum dwellers, land tenure security and improved housing, living and environmental conditions at Madina Estate, Accra, Ghana, In Urban Forum, Springer Netherlands, Vol. 23, issue. 3,pp. 343-365.

Parker, D.C., Manson, S.M., Janssen, M.A., Hoffmann, M.J. And Deadman, P; (2003); "Multi-Agent Systems For The Simulation Of Land-Use And LandCover Change: A Review"; Annals Of The Association Of American Geographers; 93(2); Pp314-337.

Patton, C. (1988). Spontaneous shelter: International perspectives and prospects, Philadelphia: Temple University Press,pp. 1-380

Pimple, M. e John, L; (2002); "Security of Tenure: Mumbai's Experience" In Durand-Lasserve, A. and Royston, A. (Eds.), Holding Their Ground: Secure Land Tenure for the Urban Poor in Developing Countries, Earthscan, Londres, Reino Unido; Pp75-85.

Praveen Kumar Rai at Al; (2011); "Role Of Geoinformatics In Urban Planning"; ISSN : 0447-9483; Journal Of Scientific Research Vol. 55;Pp11-24.

Robinson, D.T., Brown, D., Parker, D.C., Schreinemachers, P., Janssen, M.A., Huigen, M., Wittmer, H., Gotts, N., Promburom, P., Irwin, E., Berger, T., Gatzweiler, F. e Barnaud, C; (2007): Comparação de métodos empíricos para

Building Agent-Based Models in Land Use Science, Journal of Land Use Science; 2(1), Pp31-55.

Sanchez-Jankowski, M. (1999): The Concentration of African-American Poverty and the Dispersal Of The Working Class: An Ethnographic Study Of Three Inner City Areas, International Journal Of Urban And Regional Research, 23(4), Pp619-637.

Schelling, T.C. (1971): Dynamic Models Of Segregation, Journal Of Mathematical Sociology;1(1), Pp143-186.

Sen, S., Hobson, J. e Joshi, P. (2003): The Pune Slum Census: Creating A Socio-Economic and Spatial Information Base on A GIS For Integrated And Inclusive City Development, Habitat International; 27(4), Pp595-611.

Smolka, M (2003): Informality, urban poverty, and land market prices. Land Lines 15(1).

Stanilov, K (2012): Space in Agent-Based Models in Heppenstall, A., Crooks, A.T., See, L.M. And Batty, M. (Eds.); Agent-Based Models of Geographical Systems, Springer, New York, NY; Pp253-271.

Stephen K. Mayo, Stephen Malpezzi e David J. Gross (1986): Shelter Strategies for the Urban Poor in Developing Countries, The World Bank Research Observer, Vol. 1, issue. 2, pp. 183-203.

Tang, Z., Engel, B.A., Pijanowski, B.C. And Lim, K.J; (2005); "Forecasting Land Use Change And Its Environmental Impact At A Watershed Scale"; Journal Of Environmental Management; 76(1); Pp35-45.

The Dawn (24 de agosto de 2013): Habitantes de bairros de lata recusam-se a desocupar terrenos ferroviários, , Rawalpindi, Paquistão

The Hindustan Times (21 de abril de 2013): Trabalhadores sem-abrigo protestam contra a demolição de bairros de lata, Gurgaon, Índia

Banco Mundial, MIT (2009): Upgrading Urban Communities, Grupo do Banco Mundial.

Banco Mundial, MIT (2009): What is Urban Upgrading, The World Bank Group.

http://web.mit.edu/urbanupgrading/upgrading/whatis/index.html.

Ton Van Naerssen (1993): Squatter Access to Land in Metro Manila, Philippine Studies vol. 41, issue. 1, pp. 3-20.

TURNER, J. F. C. e FICHTER, R. (1972): Freedom to Build- dweller control of the housing process, Nova Iorque: Macmillan, pp. 148-175.

TURNER, J. F. C. (1996): Tools for building community: an examination of 13 hypotheses, HABITAT International, 20, pp. 339-347.

UN-HABITAT (2003): The Challenge of Slums - Global Report on Human Settlements, UN-Habitat, HS/686/03E, ISBN: 978-1-84407-037-4, pp. 1-345

UN-HABITAT (2006b): State of the World's Cities 2006/2007, The Millennium Development Goals and Urban Sustainability, Londres: Earthscan.

UN-HABITAT (2007): Slum Dwellers to double by 2030: Millennium Development Goal Could Fall Short, UN-HABITAT, pp. 1-3.

UN-HABITAT (2008): Un-Habitat And The Kenya Slum Upgrading Programme Strategy Document- For a better urban future, Human Settlements Financing Division. UN-HABITAT,HS: 1010/08E , ISBN: 978-92-1-131990- 3,pp. 1-75

ONU-HABITAT (2008): Slum Cities and Cities with Slums- States of the World's Cities 2008/2009, UN-Habitat, HS/1031/08E, ISBN: 978-92-1-1320107, pp. 1-224.

UN-HABITAT (2013):State Of The World's Cities 2012/2013- Prosperity of Cities, Routledge (Taylor & Francis Group), Nova Iorque, ISBN13: 978-0-415- 83888-7,PP. 1-184

Viratkapan, V. e Perera, R; (2006); "Slum Relocation Projects In Bangkok: What Has Contributed To Their Success Or Failure?"; Habitat International; 30(1); Pp157-174.

Werlin Herbert (1999): The Slum Upgrading Myth, Urban Studies 36 (9),pp. 1523, doi:10.1080/0042098992908.

Werlin Herbert (1999): The Slum Upgrading Myth, Urban Studies 36 (9),pp. 1524, doi:10.1080/*0042098992908*.

William Mangin (1967): Latin American Squatter Settlements: A Problem and a Solution, Latin American Research Review, Vol. 2, issue. 3,pp. 65-98

Wyly, E.K.; (1999); "Continuity and Change in the Restless Urban Landscape"; Economic Geography; 75(4); Pp309-338.

Xie, Y., Batty, M. e Zhao, K; (2007); "Simulating Emergent Urban Form: Desakota in China"; Annals of the Association of American Geographers; 97(3); Pp477-495.

* De acordo com o DPR apresentado pela AMC no âmbito do RAY

** Inclui casa de banho (4m* ** ***4m) + casa de banho (4m*4m)Custo de construção = 12000Rs/M² Custo do DU ≈ 40000

*** no caso de haver 5% ou mais de HH com gado